# SQL Server 2005
# 数据库技术——从应用到原理

张蕊　著

## 内 容 提 要

本书主要内容包括：数据库基础知识、数据库（关系模型）、基本表（关系模式、关系完整性、关系规范化理论）、视图与索引（数据库系统的三级模式与二级映像）、数据查询（关系操作）、高级数据库对象（数据库安全性、数据库完整性）、数据库安全与恢复技术等。内容以应用技术为主线，括号内分别为与之对应的数据库原理，加深理解，不显枯燥，达到理论和实践的紧密结合。

本书可作为数据库系统管理员、信息系统管理员、计算机专业开发人员、广大科技工作者和研究人员参考的工具书。内容从基础语法格式入门，逐步深入，还可供零基础的计算机专业爱好者自学使用。

**图书在版编目（CIP）数据**

SQL Server 2005数据库技术 : 从应用到原理 / 张蕊著. -- 北京 : 中国水利水电出版社, 2015.5
ISBN 978-7-5170-3103-1

Ⅰ. ①S… Ⅱ. ①张… Ⅲ. ①关系数据库系统 Ⅳ. ①TP311.138

中国版本图书馆CIP数据核字(2015)第081057号

| 书　　名 | **SQL Server 2005 数据库技术——从应用到原理** |
|---|---|
| 作　　者 | 张蕊　著 |
| 出版发行 | 中国水利水电出版社<br>（北京市海淀区玉渊潭南路1号D座　100038）<br>网址：www.waterpub.com.cn<br>E-mail：sales@waterpub.com.cn<br>电话：（010）68367658（发行部） |
| 经　　售 | 北京科水图书销售中心（零售）<br>电话：（010）88383994、63202643、68545874<br>全国各地新华书店和相关出版物销售网点 |
| 排　　版 | 中国水利水电出版社微机排版中心 |
| 印　　刷 | 三河市鑫金马印装有限公司 |
| 规　　格 | 170mm×240mm　16开本　9.25印张　176千字 |
| 版　　次 | 2015年5月第1版　2015年5月第1次印刷 |
| 印　　数 | 0001—1500册 |
| 定　　价 | **26.00**元 |

# 前言 QIANYAN

数据库技术是信息系统的一个核心技术，是一种计算机辅助管理数据的方法，主要研究如何组织和存储数据，如何高效地获取和处理数据。从20世纪60年代末期开始到如今，人们在数据库技术的理论研究和系统开发上都取得了辉煌的成就，不断研究新一代数据库系统。数据库系统已经成为现代计算机系统的重要组成部分，不仅应用于日常事务处理，且逐步应用到情报检索、人工智能、专家系统、计算机辅助设计等各个领域。

本书从数据库系统日常维护人员和管理员角度出发，详细地介绍了数据库系统管理和日常维护的方法与技巧。以SQL Server 2005为平台，在详细深入介绍数据库应用技术的基础上，逐步引出与之相关联的数据库原理知识，内容循序渐进、深入浅出、层层递进，并结合图、表、提示等形式将应用与原理有机结合，使读者知其然，还知其所以然。避免只会操作，不知缘由；或只具有理论知识，不具备实践能力的现象。

作者具有丰富的数据库技术讲授与使用经验，同时参阅和借鉴了国内外许多优秀的数据库技术相关书籍。从DBA的角度出发，叙述上主要以T-SQL语言的形式介绍数据库及各种数据库对象的创建与维护方法，SQL Server Management Studio的形式不作为本书重点，内容适当取舍，突出重点。

本书可作为数据库系统管理员、信息系统管理员、计算机专业开发人员、广大科技工作者和研究人员参考的工具书。内容从基础语法格式入门，逐步深入，还可供零基础的计算机专业爱好者自学使用。

本人才疏学浅，必有许多不完善或错误，恳请各位读者不惜赐教。

**张蕊**

2014 年 12 月于郑州

# 目录 MULU

前言

第1章　数据库基础知识 …… 1

1.1　数据库系统概述 …… 1

1.2　关系数据库标准语言 SQL …… 4

1.3　Transact-SQL 语言 …… 6

第2章　数据库的创建与维护 …… 24

2.1　应用技术 …… 24

2.2　相关原理 …… 30

第3章　基本表的设计与关系规范化理论 …… 34

3.1　应用技术 …… 34

3.2　相关原理 …… 44

第4章　视图、索引与数据独立性 …… 51

4.1　应用技术 …… 51

4.2　相关原理 …… 68

第5章　数据查询与关系代数 …… 72

5.1　应用技术 …… 72

5.2　相关原理 …… 88

第6章　高级数据库对象 …… 92

6.1　应用技术 …… 92

6.2　相关原理 …… 109

第7章　数据库安全与恢复技术……………………………………………………………… 111
7.1　应用技术 ……………………………………………………………………………… 111
7.2　相关原理 ……………………………………………………………………………… 129
参考文献 …………………………………………………………………………………… 139

# 第1章 数据库基础知识

## 1.1 数据库系统概述

数据库技术产生于20世纪60年代末，是数据管理的最新技术，是计算机科学的重要分支。从小型单项事务处理到大型信息系统，从一般企业管理到计算机辅助设计与制造（CAD/CAM）、办公信息系统（OIS）、地理信息系统(GIS)、全球定位系统（GPS)、北斗卫星导航系统（BDS）等，越来越多新的应用领域采用数据库存储和处理他们的信息资源。对于一个国家来说，数据库的建设规模、数据库信息量的大小和使用频率已成为衡量这个国家信息化程度的重要标志。因此，数据库课程是计算机科学与技术专业、信息管理专业的重要课程。

### 1.1.1 数据库技术的产生与发展

数据库系统的产生和发展与数据库技术的发展相辅相成。数据库技术就是数据管理技术，是对数据的分类、组织、编码、存储、检索和维护的技术。数据库技术的产生和发展与计算机技术及其应用的发展紧密联系在一起。主要经历了三个基本阶段。

1. 人工管理阶段

20世纪50年代中期以前，计算机主要用于科学计算。外存只有磁带、卡片、纸带，没有磁盘等直接存取的存储设备，而且计算机没有操作系统，没有管理数据的软件，数据处理方式是批处理。基本特点是：数据不保存、数据无专门软件进行管理、数据不共享（冗余度大)、数据不具有独立性（完全依赖于程序)、数据无结构。

2. 文件系统阶段

从20世纪50年代后期到20世纪60年代中期，计算机硬件和软件都有了一定的发展。计算机不仅用于科学计算，还大量用于管理。这时，硬件方面已经有了磁盘、磁鼓等直接存取的存储设备。在软件方面，操作系统中已经有了数据管理软件，一般称为文件系统。处理方式上不仅有了文件批处理，而且能够联机实时处理。基本特点是：数据可以长期保存、由文件系统管理数据、程序与数据有一定的独立性、数据共享性差（冗余度大）、数据独立性差、记录内部有结构（但整体无结构）。

3. 数据库系统阶段

从 20 世纪 60 年代中期至今。随着计算机硬件和软件技术的飞速发展，计算机用于管理的规模更为庞大，应用越来越广泛，数据量急剧增长，数据的共享要求越来越高，数据库技术应运而生。

### 1.1.2　数据库常用术语

1. 数据（Data）

数据是描述现实世界事物的符号记录，是用物理符号记录的可以鉴别的信息。物理符号有多种表现形式，包括数字、文字、图形、图像、声音及其他特殊符号。数据的各种表现形式都可以通过数字化存入计算机。

2. 数据库（DataBase，DB）

数据库是长期存储在计算机内、有组织、可共享的数据集合。这种集合具有如下特点：

（1）最小的冗余度。以一定的数据模型来组织数据，数据尽可能不重复。

（2）应用程序对数据资源共享。为某个特定的组织或企业提供多种应用服务。

（3）数据独立性高。数据结构较强地独立于使用它的应用程序。

（4）统一管理和控制。对数据的定义、操纵和控制，由数据库管理系统统一进行。

3. 数据库管理系统（DataBase Management System，DBMS）

数据库管理系统是位于用户与操作系统之间的一个数据管理软件，它的基本功能包括以下几个方面：

（1）数据定义功能：DBMS 提供数据定义语言（Data Definition Language，DDL），通过它可以方便地对数据库中的数据对象进行定义，如 CREATE DATABASE 是创建数据库命令，CREATE TABLE 是创建数据表命令等。

（2）数据操纵功能：DBMS 还提供数据操纵语言（Data Manipulation Language，DML），可以使用 DML 操纵数据，实现对数据的基本操作，例如查询、插入、删除和修改。

（3）数据库的运行管理功能：数据库在建立、运行和维护时，由数据库管理系统统一管理和控制，以保证数据的安全性、完整性，以及对并发操作的控制以及发生故障后的系统恢复等。

（4）数据库的建立和维护功能：包括数据库初始数据的输入、转换功能，数据库的转存、恢复功能，以及数据库的重组织功能和性能监视、分析功

能等。

4. 数据库系统（DataBase System，DBS）

数据库系统是指在计算机系统中引入数据库后构成的系统。一般由数据库、操作系统、数据库管理系统（及其开发工具）、应用系统、数据库管理员和用户构成。应该指出的是，数据库的建立、使用和维护等工作只有DBMS远远不够，还要有专门的数据库管理员（DataBase Administrator，DBA）来完成。

### 1.1.3 数据库技术的发展趋势

随着信息技术和市场的发展，人们发现关系数据系统虽然技术很成熟，但其局限性也是显而易见的：它能很好地处理所谓的"表格型数据"，却对越来越多复杂类型的数据无能为力。在相当一段时间内，人们把大量的精力花在研究"面向对象的数据库系统"，然而产品的市场发展情况并不理想。理论上的完美性并没有带来市场的热烈反映。主要原因在于，其主要设计思想是企图用新型数据库系统来取代现有的数据库系统。这对许多已经运用数据库系统并积累了大量工作数据的客户，尤其是大客户来说，无法承受新旧数据间的转换而带来的巨大工作量及巨额开支。另外，面向对象的关系型数据库系统使查询语言变得极为复杂，从而使得无论是数据库的开发商家还是应用客户都视其复杂的应用技术为畏途。

数据库现在的发展方向，是新近出现的将原有的关系数据库与许多其他的功能，如电子邮件、个人通信等等相结合的趋势。而在企业自动化、电子政务等应用领域，人们相互进行的协同工作，也在与数据库技术融合。现在的数据库技术已经发展到了一个全新的阶段，即数据采集的多样化。这一变化给数据库技术带来很多的挑战，纵观数据库发展，整个数据库发展呈现出了以下几个特征。

1. 传感器数据库技术

随着微电子技术的发展，传感器的应用越来越广泛。可以使小鸟携带传感器，根据传感器在一定的范围内发回的数据定位小鸟的位置，从而进行其他的研究；还可以在汽车等运输工具中安装传感器，从而掌握其位置信息；甚至在微型的无人间谍飞机上也开始携带传感器，在一定的范围内收集有用的信息，并且将其发回到指挥中心。

当有多个传感器在一定的范围内工作时，就组成了传感器网络。传感器网络由携带者所捆绑的传感器及接收和处理传感器发回数据的服务器所组成。传感器网络中的通信方式可以是无线通信，也可以是有线通信。

传感器数据库必须利用系统中的所有传感器，而且可以像传统数据库那样方便、简洁地管理传感器数据库中的数据；建立可以获得和分配源数据的机制；建立可以根据传感器网络调整数据流的机制；可以方便地配置、安装和重新启动传感器数据库中的各个组件等。传感器网络越来越多地应用于对很多新应用的监测和监控。在这些新的应用中，用户可以查询已经存储的数据或者传感器数据，但是，这些应用大部分建立在集中的系统上收集传感器数据。在这样的系统中数据是以预定义的方式抽取的，因此缺乏一定的灵活性。

2. 微小型数据库技术

数据库技术一直随着计算的发展而不断进步，随着移动计算时代的到来，嵌入式操作系统对微小型数据库系统的需求为数据库技术开辟了新的发展空间。微小型数据库技术目前已经从研究领域逐步走向应用领域。随着智能移动终端的普及，人们对移动数据实时处理和管理要求也不断提高，嵌入式移动数据库越来越体现出其优越性，从而被学界和业界所重视。

3. 信息集成

信息系统集成技术已经历了 20 多年的发展过程，研究者已提出了很多信息集成的体系结构和实现方案，然而这些方法所研究的主要集成对象是传统的异构数据库系统。随着 Internet 的飞速发展，网络迅速成为一种重要的信息传播和交换的手段，尤其是在 Web 上，有着极其丰富的数据来源。如何获取 Web 上的有用数据并加以综合利用，即构建 Web 信息集成系统，成为一个引起广泛关注的研究领域。

4. 数据流管理

测量和监控复杂的动态的现象，如远程通信、Web 应用、金融事务、大气情况等，产生了大量、不间断的数据流。数据流处理对数据库、系统、算法、网络和其他计算机科学领域的技术挑战已经开始显露。这是数据库界一个活跃的研究领域，包括新的流操作、SQL 扩展、查询优化方法、操作调度（Operator Scheduling）技术等。

5. “大数据”正步入实质性阶段

随着互联网业务的迅猛发展，数据规模急剧的膨胀，与之对应的 IT 硬件更新速度完全无法与之相比，存储和管理海量数据已越来越成为亟待解决的问题，大数据的概念也是由此应运而生，在这方面，NoSQL 所具有的高性能、高可用性、高扩展能力非常适合 TB、PB 甚至 ZB 级数据的需求，也是目前“大数据”应用的主力。

## 1.2　关系数据库标准语言 SQL

SQL（Structured Query Language），即结构化查询语言，是关系数据库的标准语言，SQL 是一个通用的、功能极强的关系数据库语言。其功能并不

仅仅局限在查询上。当前，几乎所有的关系数据库管理系统软件都支持 SQL。当然，许多软件厂商对 SQL 基本命令也进行了不同程度的扩充和修改，但是，大多数数据库均使用 SQL 作为共同的数据存取语言和标准接口已成为不争的事实，SQL 已成为数据库领域中的主流语言。

### 1.2.1 SQL 的产生和发展

SQL 语言是在 1974 年由 Boyce 和 Chamberlin 联合提出的。1975—1979 年 IBM 公司 San Jose Research Laboratory 研制了著名的关系数据库管理系统原型 System R，并实现了这种语言。1986 年 10 月美国国家标准局（American National Standard Institute，ANSI）的数据委员会 X3H2 批准了 SQL 作为关系数据库语言的美国标准，同时公布了 SQL 标准文本（简称 SQL - 1986）。1987 年国际标准化组织（International Organization for Standardization，ISO）也通过了这一标准。此后 ANSI 不断修改和完善 SQL 标准，并与 1989 年公布了 SQL - 1989 标准，1992 年又公布了 SQL - 1992 标准。1999 年公布了 ANSI SQL - 1999，也称作 SQL3，2003 年公布了 SQL2003。随着版本的不断增加，从最初的单文档到 SQL2003 的 3600 多页，SQL 标准的内容越来越多，规则越来越细化。

SQL 标准的影响超出了数据库领域。SQL 成为国际标准后，它在数据库以外的其他领域中也得到了重视和采用。有不少软件产品将 SQL 语言的数据查询功能与图形工具、软件工程工具、软件开发工具、人工智能程序结合起来。

### 1.2.2 SQL 的特点

SQL 之所以能够成为用户和业界的国际标准，并被广大用户所接受，是因为它是一个综合的、功能极强同时又简单易学的语言。SQL 集数据查询（Data Query）、数据操纵（Data Manipulation）、数据定义（Data Definition）和数据控制（Data Control）功能于一体，主要特点如下。

1. 综合统一

SQL 集数据定义语言 DDL、数据操纵语言 DML、数据控制语言 DCL 的功能于一体，语言风格统一，可以独立完成数据库生命周期中的全部活动。

（1）定义数据模式、插入数据，建立数据库。

（2）对数据库中的数据进行查询和更新。

（3）数据库重构和维护。

（4）数据库安全性和完整性控制等一系列操作要求。

这就为数据库应用系统的开发提供了良好的环境。特别是用户在数据库系统投入运行后，还可根据需要随时、逐步地修改模式，并不影响数据库的运行，从而使系统具有良好的可扩展性。

2. 以一种语法提供两种使用方式

SQL具有自主式语言和嵌入式语言两种使用方式。自主式SQL能够独立地进行联机交互，用户只需在终端键盘上直接键入SQL命令即可对数据库进行操作。嵌入式SQL能够嵌入到高级语言（常用的主语言有C、Visual Basic、PowerBuilder、Dehpi等）的程序中，以实现对数据库的数据进行存取操作，给程序员设计程序提供了很大方便。在两种不同的使用方式中，SQL的语法结构基本一致，使用方法大致相同。统一的语法结构的特点，为使用SQL提供了极大地灵活性和方便性。

3. 高度非过程化

非关系数据模型的数据操纵语言是“面向过程”的语言，用“过程化”语言定义完成某项请求，必须指定存取路径。而用SQL进行数据操作，只要提出“做什么”，而无须指明“怎么做”，因此无须了解存取路径。存取路径的选择以及SQL的操作过程由系统自动完成。这不但大大减轻了用户负担，而且有利于提高数据独立性。

4. 语言简洁、易学易用

尽管SQL语言功能极强又有两种使用方式，由于设计巧妙，其语言十分简洁，四大功能的完成仅用了9个动词：CREATE、DROP、ALTER、SELECT、INSERT、UPDATE、DELETE、GRANT和REVOKE。此外，SQL语法接近英语口语，因此容易学习，容易使用。

## 1.3　Transact-SQL语言

Transact-SQL是在MS SQL Server中使用的SQL，简称T-SQL。它是微软在标准SQL语言基础上创建的符合SQL Server特点的数据库访问语言，一直以来都是SQL Server的开发、管理工具。SQL Server 2005版本提供了很多增强功能，包括错误处理，递归查询，在SQL Server 2005中的很多操作都是使用T-SQL语言来实现的。大部分的可视化操作都可以由T-SQL完成，而且很多的高级管理必须由它完成。

T-SQL虽然具备许多与程序设计语言类似的功能，然而T-SQL并非是编程语言。T-SQL主要是为操作关系数据库而设计的，同时也包含许多可用的其他结构化语言所具有的逻辑运算、数学计算、条件表达式、流程控制结构等。

Transact-SQL是应用于数据库的语言，本身不能独立存在。它是一种非过程性语言，与一般的高级语言（如C、C++）是不同的。一般的高级语言在使用数据库时，需要依照每一行程序的顺序处理很多的操作。但是SQL语

言，用户只需告诉数据库需要什么数据，怎么显示，具体的内部操作有数据库系统来完成。

Transact-SQL 语言简单明了，易学易用，很容易掌握。按照用途包括以下内容：

（1）数据定义语言（DDL）：每个数据库、数据库中的表、视图、索引和完整性约束等都是数据库对象，要建立这些对象，即可通过 SQL 语言来完成。

（2）数据操纵语言（DML）：对已经创建了的数据库对象中的数据进行添加、修改和删除的语句，有 INSERT（插入）、DELETE（删除）和 UPDATE（更新）等操作。

（3）数据查询语言：数据库的查询过程通过 SQL 语言来实现，例如 SELECT 命令。

（4）数据控制语言（DCL）：用于设置或者更改数据库用户的权限。

### 1.3.1 T-SQL 语法

在书写 T-SQL 语言时要遵循一定的约定，表 1.1 给出了 T-SQL 语言使用时的规则。

**表 1.1　T-SQL 语法约定**

| 规　则 | 说　明 |
|---|---|
| UNION（大写） | T-SQL 关键字 |
| \|（竖线） | 分隔括号和大括号的语法 |
| []（方括号） | 可选语法项 |
| {}（大括号） | 必选语法项 |
| [, …n] | 指示前面的项可以重复 n 次，每一项用逗号分隔 |
| [… n] | 指示前面的项可以重复 n 次，每一项用空格分隔 |
| [;] | 可选的 T-SQL 语句终止符 |
| 〈label〉 : : = | 语法块的名称 |

1. 数据类型

SQL Server 提供两大类数据类型：系统数据类型、用户自定义数据类型。

系统数据类型在第 3 章详细介绍。

用户自定义数据类型是在已有的系统数据类型基础上扩充或限定，并非定义一个新的存储结构类型。当多个表中的列需要存储相同的数据类型时，并且想确保这些列具有完全相同的类型、长度和是否为空，这时用户就可以定义数据类型，并在创建表的这些列时使用这些数据类型。用户自定义数据类型的创建方法有两种：

（1）SQL Server Management Studio。展开某一数据库节点→可编程性→

右击“类型”→新建→用户定义数据类型→打开“新建用户定义数据类型”对话框→设置各个参数。

(2) 使用 T-SQL 语言。使用系统存储过程 sp_addtype 创建，语法格式为：

```
sp_addtype [@typename =] type,
[@phystype =] system_data_type
[, [@nulltype=] 'null_type']
```

参数说明：

① [@typename =] type：用户自定义数据类型的名称，数据类型的名称要遵照标识符的规则，且在数据库中是唯一的。

② [@phystype =] system_data_type：用户自定义数据类型所基于的系统数据类型，例如 int 或者 bit 型。

③null_type：该参数指明用户定义的数据类型处理空值的方式。该参数有三个取值：null、not null 或者 nonull，其默认值为 null。

2. 变量

T-SQL 变量命名规则如下：

1) 以 ASCII 字母、Unicode 字母、下划线、@或者＃开头，后续可以为一个或多个 ASCII 字母、Unicode 字母、下划线、@、＃或者 $，但整个标识符不能全部是下划线、@或者＃。

2) 标识符不能是 T-SQL 的关键字。

3) 标识符中不能嵌入空格，或者其他的特殊字符。

4) 如果要在标识符中使用空格或者 T-SQL 的关键字以及特殊字符，则要使用双引号或者方括号将该标识符括起来。

SQL Server 2005 中，变量分为两种：局部变量和全局变量。

(1) 局部变量。局部变量是由用户声明的，声明的同时可以指定变量的名称（以@开头）、数据类型和长度，并同时设该变量的值为 NULL。局部变量仅在声明它的批处理、存储过程或者触发器中有效，当批处理、存储过程或者触发器执行结束后，局部变量将变成无效。

局部变量用 DECLARE 定义，语法格式如下：

```
DECLARE {@local_variable data_type } [, …n]
```

各参数说明如下：

- @local_variable：是变量的名称。变量名必须以@符号开头，符合变量命名规则。
- data_type：由系统提供的数据类型或者用户自定义的数据类型。

给局部变量的赋值可以使用 SET 语句直接赋值，也可以使用 SELECT 在查询中给变量赋值。其语法格式分别如下：

```
SET @local_variable = expr
SELECT {@local_variable = expr} [, …n]
```

各参数说明如下：

- @local_variable：是变量的名称。
- expr：相应类型的表达式。

**【例 1.1】** 通过 DECLARE 声明一个局部变量。

```
DECLARE @cno varchar (9);
```

**★提示：** 可同时声明多个变量，中间用“,”隔开。

**【例 1.2】** 通过 DECLARE 声明两个局部变量，并用 SET 给变量赋值。

```
DECLARE @var1 nvarchar (20), @var2 nchar (10)
SET @var1='学号'
SET @var2='年龄'
```

**【例 1.3】** 用 SELECT 语句给变量赋值。

```
DECLARE @cj float
SELECT @cj=90
SELECT * FROM sc WHERE cgrade<=@chengji
```

（2）全局变量。全局变量是 SQL Server 系统内部使用的变量，其作用范围并不局限于某个程序，而是任何程序任何时间都可以调用。全局变量通常用于存储一些 SQL Server 的配置设定值和效能统计数据。可以利用全局变量来测试系统的设定值或者 T-SQL 的命令执行后的状态值。

常用的全局变量如表 1.2 所示。

**表 1.2　　SQL Server 2005 中的全局变量**

| 名　称 | 变　量　说　明 |
|---|---|
| @@CONNECTIONS | 返回自最近一次启动 SQL Server 以来连接或试图连接的次数 |
| @@DATEFIRST | 返回 SET DATEFIRST 参数的当前值，SET DATEFIRST 参数用于指定每周的第一天是周几。例如 1 对应周一，7 对应周日 |
| @@CUP_BUSY | 返回自 SQL Server 最近一次启动以来 CPU 的工作时间其单位为毫秒 |
| @@CURSOR_ROWS | 返回最后连接上并打开的游标中当前存在的合格行的数量 |
| @@SERVERNAME | 返回运行 SQL Server 2000 本地服务器的名称 |

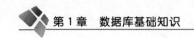

续表

| 名称 | 变量说明 |
|---|---|
| @@REMSERVER | 返回登录记录中记载的远程 SQL Server 服务器的名称 |
| @@ERROR | 返回最后执行的 Transact-SQL 语句的错误代码 |
| @@ROWCOUNT | 返回受上一语句影响的行数，任何不返回行的语句将这一变量设置为 0 |
| @@VERSION | 返回 SQL Server 当前安装的日期、版本和处理器类型 |
| @@DBTS | 返回当前数据库的时间戳值必须保证数据库中时间戳的值是唯一的 |
| @@FETCH_STATUS | 返回上一次 FETCH 语句的状态值 |
| @@IDENTITY | 返回最后插入行的标识列的列值 |
| @@IDLE | 返回自 SQL Server 最近一次启动以来 CPU 处于空闲状态的时间长短，单位为毫秒 |
| @@IO_BUSY | 返回自 SQL Server 最后一次启动以来 CPU 执行输入输出操作所花费的时间，单位为毫秒 |
| @@LANGID | 返回当前所使用的语言 ID 值 |
| @@LANGUAGE | 返回当前使用的语言名称 |
| @@LOCK_TIMEOUT | 返回当前会话等待锁的时间长短，单位为毫秒 |
| @@MAX_CONNECTIONS | 返回允许连接到 SQL Server 的最大连接数目 |
| @@MAX_PRECISION | 返回 decimal 和 numeric 数据类型的精确度 |
| @@NESTLEVEL | 返回当前执行的存储过程的嵌套级数，初始值为 0 |
| @@OPTIONS | 返回当前 SET 选项的信息 |
| @@PACK_RECEIVED | 返回 SQL Server 通过网络读取的输入包的数目 |
| @@PACK_SENT | 返回 SQL Server 写给网络的输出包的数目 |
| @@PACKET_ERRORS | 返回网络包的错误数目 |
| @@PROCID | 返回当前存储过程的 ID 值 |
| @@SERVICENAME | 返回 SQL Server 正运行于哪种服务状态之下：如 MS SQL Server、MSDTC、SQL Server Agent |
| @@SPID | 返回当前用户处理的服务器处理 ID 值 |
| @@TEXTSIZE | 返回 SET 语句的 TEXTSIZE 选项值 SET 语句定义了 SELECT 语句中 text 或 image。数据类型的最大长度基本单位为字节 |
| @@TIMETICKS | 返回每一时钟的微秒数 |
| @@TOTAL_ERRORS | 返回磁盘读写错误数目 |
| @@TOTAL_READ | 返回磁盘读操作的数目 |
| @@TOTAL_WRITE | 返回磁盘写操作的数目 |
| @@TRANCOUNT | 返回当前连接中处于激活状态的事务数目 |

**★提示：**

1）全局变量不能由用户自定义，不能声明，不能赋值，而是由 SQL 服务器定义的，DBA 和用户直接使用。

2）全局变量可以提供当前的系统信息。

3）同一时刻的同一个全局变量在不同会话（如用不同的登录名登录同一个数据库实例）中的值不同。

4）在声明局部变量时，不能与全局变量同名。

**【例 1.4】** 使用全局变量查看当前 SQL Server 的版本信息和 CPU 的工作时间。

```
PRINT @@VERSION
PRINT @@CPU_BUSY
```

### 3. 运算符

SQL Server 2005 中所使用的运算符如表 1.3 所示。

**表 1.3　　SQL Server 2005 中常用运算符**

| 类型 | 运算符说明 |
| --- | --- |
| 算术运算符 | 加（＋）、减（－）、乘（＊）、除（/）、求余（%或 mod） |
| 比较运算符 | 等于（＝）、大于（＞）、小于（＜）、大于等于（＞＝）、小于等于（＜＝）、不等于（＜＞或者！＝）、不小于（！＜）和不大于（！＞） |
| 逻辑运算符 | 与（AND）、或（OR）、非（NOT） |
| 按位运算符 | 位与（&）、位非（～）、位或（\|）、位异或（^） |
| 字符串连接符 | 字符串连接符（＋），将两个或者多个字符串连接成一个字符串 |
| 赋值运算符 | 将右侧表达式的值赋予左侧的变量（＝） |
| 单目运算符 | ＋（表示该数值为正）、－（表示该数值为负）、～（返回数值的补数） |
| 其他 | ALL、ANY、BETWEEN、EXISTS、IN、LIKE、SOME（查询中详细介绍） |

**【例 1.5】** 算术运算符举例。

```
SELECT 2+3,2-3,2*3,2/3,5%2;
```

**【例 1.6】** 求两个整型数据的与运算、或运算、异或运算的。

```
DECLARE @var1 int,@var2 int
SET @var1=22
SET @var2=147
SELECT @var1&@var2,@var1|@var2,@var1^@var2;
```

【例 1.7】 把两个字符串连接成一个字符串。

```
DECLARE @abc varchar(5),@xyz char(10)
SET   @abc='Hello'
SET @xyz='T-SQL 语句'
SELECT @abc+@xyz;
```

★提示：当一个表达式中有多种运算符时，要注意运算符的优先级。

在 T-SQL 中，运算符的优先级从高到低如下：

(1) 括号 ()。

(2) 求反～。

(3) ＋（正），－（负）。

(4) * （乘），/（除），%（求模）。

(5) ＋（加），＋（字符串连接），－（和减运算符）。

(6) ＝、＞、＜、＞＝、＜＝、＜＞或者！＝、!＜、!＞（比较运算符）。

(7) ^，&，|（位运算符）。

(8) Not（逻辑运算符）。

(9) And（逻辑运算符）。

(10) Or（逻辑运算符）。

(11) ＝（赋值运算符）。

### 1.3.2 流程控制语句

通常情况下，程序按语句的先后顺序依此执行，T-SQL 提供的流程控制语句可以改变语句的执行顺序。T-SQL 中的主要的流程控制语句主要有以下几种。

1. 语句块 BEGIN…END

BEGIN…END 是将多个 T-SQL 语句封装起来，组成一个逻辑块，在执行的时候，该逻辑块作为一个整体被执行。BEGIN…END 语句可以用在其他语句内部，在使用过程中允许嵌套。

语法格式为：

```
BEGIN
{
    T-SQL 语句|语句块
}
END
```

【例 1.8】 语句块举例。

```
BEGIN
      DECLARE @var INT
          SET @var=780
          BEGIN
               PRINT '变量 var 的值为'
               PRINT CAST(@var AS VARCHAR(5))        语句块 1      语句块 2
          END
END
```

2. 条件语句 IF…ELSE

IF…ELSE 语句在程序的执行过程中根据所给出的条件进行判断,当条件为 TRUE 或 FALSE 时执行不同的 T-SQL 语句。

语法格式为:

```
IF <BOOLEAN_EXPRESSION>
    {T-SQL 语句|语句块}
[ELSE
    {T-SQL 语句|语句块}]
```

参数说明:

(1) BOOLEAN_EXPRESSION:布尔表达式,其结果返回逻辑值 TRUE 或 FALSE。

(2) T-SQL 语句 | 语句块:T-SQL 语句或以 T-SQL 语句块定义组成的语句组。

(3) 最简单的 IF 语句可以没有 ELSE 或 ELSE IF 子句。

(4) IF 语句可以嵌套。

**【例 1.9】** 条件语句示例。输出两个数中较大的数。

```
DECLARE @x int,@y int
SELECT @x=1,@y=2
IF @x>@y
   BEGIN
      PRINT @x
   END
ELSE
  BEGIN
     PRINT @y
  END
```

3. 多分支语句 CASE

CASE 语句计算条件列表并返回多个可能值之一,CASE 具有两种格式:

（1）简单的 CASE 语句。语法格式为：

```
CASE input_expression
     WHEN when_expression THEN result_expression
     [ ... n]
     [ELSE else_result_expression]
END
```

参数说明：

1）input_expression：测试表达式，可以是任何有效的表达式。

2）when_expression：结果表达式，用来和 input_expression 表达式作比较，input_exp-ression 和每个 when_expression 的数据类型必须相同，或者是隐式转换的数据类型。

3）result_expression：当 input_expression= when_expression 的结果为 TRUE 时，返回的表达式。

4）else_result_expression：当 input_expression= when_expression 的结果为 FALSE 时，返回的表达式。

语句执行流程：计算 input_expression 表达式的值，然后按着顺序对每个 WHEN 子句的 input_expression= when_expression 取值进行判断，返回第一个 input_expression= when_expression 为 TRUE 的 result_expression，如果计算结果都不为 TRUE，则返回 ELSE 句中的 else_result_expression，如果没有 ELSE 子句，则返回 NULL。

**【例 1.10】** 简单 case 语句示例。

```
DECLARE @var1 char (10)
SET @var1='R'
DECLARE @var2 char (10)
SET @var2=
CASE @var1                    --CASE 后变量的值与 WHEN 后面的值依此进行是否相等判断
    WHEN 'R' THEN '红色'
    WHEN 'B' THEN '蓝色'
    WHEN 'G' THEN '绿色'
ELSE '错误'
END
PRINT @var2                   --执行结果：红色
```

（2）搜索类型的 CASE 语句。语法格式为：

```
CASE
     WHEN Boolean_expression THEN result_expression
```

```
    [...n]
    [ELSE else_result_expression]
END
```

参数说明：

1）Boolean_expression：条件表达式，结果为布尔类型。

2）result_expression：结果表达式。当 WHEN 条件为 TRUE 时，执行此语句。

语句执行流程：当 Boolean_expression 的值为 TRUE 时，则返回对应的 result_expression 表达式的值，如果所有的 Boolean_expression 的值都为 FALSE，则返回 ELSE 后面表达式的值，如果没有 ELSE 表达式，返回 NULL。

**【例 1.11】** 搜索式 CASE 语句示例。根据输入的学生成绩判定成绩等级。

```
DECLARE  @chengji float，@pingyu varchar（20）
SET  @chengji=85
SET  @pingyu=
CASE                              --条件表达式在 WHEN 语句中
    WHEN @chengji>100 AND @chengji<0 then '您输入的成绩超出范围'
    WHEN @chengji>=80 AND @chengji<=100 then '优秀'
    WHEN @chengji>=70 AND @chengji<80 then '良好'
    WHEN @chengji>=60 AND @chengji<70 then '及格'
    ELSE '不及格'
END
PRINT '该生的成绩评语是：'+@pingyu
```

4. *循环语句* WHILE

在循环条件成立时，重复执行 T-SQL 语句或语句块的条件。可以使用 BREAK 和 CONTINUE 关键字在循环内部控制 WHILE 语句的执行。

语法格式为：

```
WHILE<Boolean_expression>
    {T-SQL 语句|语句块}
    [BREAK]
    {T-SQL 语句|语句块}
    [CONTINUE]
```

参数说明：

（1）Boolean_expression：布尔表达式，如果布尔表达式中含有 SELECT 语句，必须用圆括号将 SELECT 语句括起来。

（2）BREAK：使程序从最内层的循环中退出，执行程序中出现在当前语句块 END 后面的语句。

(3) CONTINUE：使 WHILE 语句重新开始执行。

WHILE 语句的执行流程：如果 Boolean_expression 为 TRUE 则执行 T-SQL 语句｜语句块，执行后再判断 Boolean_expression，直到 Boolean_expression 为 FALSE，循环结果；执行过程中通过 BREAK 和 CONTINUE 关键字来控制执行过程终止还是继续。

**【例 1.12】** 计算 1～100 之间数的和。

```
DECLARE  @a  int,@sum  int
SET  @a=0
SET  @sum=0
WHILE  @a<100              --循环条件
  BEGIN
                SET  @a=@a+1
                SET  @sum=@sum+@a
  END
PRINT  '1+2+…+100='+ CAST(@sum as char)
```

5. 跳转语句 GOTO

使执行的语句无条件转移的命令，转移到的位置是 GOTO 语句后面的标签，可以转移到过程、批处理或是程序中的任何位置。

语法格式为：

```
lable:
…
GOTO  lable
```

**★提示：** 使用 GOTO 语句有几点要注意的事项：

1）使用 GOTO 语句会使程序的可读性变差，能不使用时建议不要使用。

2）GOTO 语句只能从 While 循环或 If 判断的内部往外跳，不能从外部往内部跳。

3）GOTO 语句只能在当前批处理中跳转，不能跳转到其他批处理中。

6. BREAK 语句

BREAK 语句一般出现在 WHILE 语句的循环体中，作为 WHILE 的子语句，循环中使用 BREAK 会使程序提前结束当前循环。

7. CONTINUE 语句

循环中使用 CONTINUE 语句，结束本次循环，进行下一轮新的循环条件的判断。

**【例 1.13】** 计算 pubs 数据库中所有书籍的平均价格，如果平均价格小于 30，则所有书籍的价格变为原来的两倍，再判断平均价格的值。这样循环下

去，直到书籍的平均价格大于或者等于 30 为止。每次循环过程中都计算一次当前书籍的最高价格，如果此价格大于 50 则跳出循环并打印警告信息。

```
USE pubs
GO
WHILE (select avg(price) from titles)<$30
BEGIN
  UPDATE titles
  SET price=price*2
  SELECT max(price) FROM titles
  IF(SELECT MAX(price) FROM titles)>$50
     BREAK;                          --break 语句
  ELSE
     CONTINUE;                       --continue 语句
END
PRINT 'too much for the market to bear';
```

**提示：** pubs 数据库是从 SQL Server 2000 中导入一个示例数据库。

8. WAITFOR 语句

WAITFOR 称为延迟语句，在到达设定的时间之前，延迟执行批处理、存储过程或者事务，是实现定期自动维护数据库的有用命令。

语法格式为：

```
WAITFOR
{
DELAY 'time_pass'|TIME 'time_execute'
}
```

参数说明：

（1）DELAY：指定一个时间段。最长为 24h。

（2）TIME：指定一个时间点。

（3）time_pass：时间段，可以按 datetime 数据可接受的格式指定 time，但是不能指定日期，可以用局部变量指定此参数。

9. RETURN 语句

RETURE 语句是返回到调用本次程序执行的位置，语法格式为：

```
RETURE [integer_expression]
```

参数说明：

- integer_expression：RETURE 语句要返回的表达式。

注：RETURE 一般是在系统存储过程中使用，一般情况下，返回 0 表示

成功，返回非0表示失败，且不能返回空值。

10. PRINT 语句

PRINT 语句是屏幕输出语句，在程序的运行过程或者程序执行结束时，要显示某些中间过程或结果时，调用 PRINT 语句向屏幕输出所需要的信息，语法格式为：

```
PRINT
{
局部变量|全局变量|表达式|ASCII 文本;
}
```

### 1.3.3 函数

SQL Server 2005 提供强大的函数功能，支持两种函数：系统函数和用户自定义的函数。本章只介绍系统函数的使用方法。

对于系统函数，DBA 和用户只需通过函数名，并赋予相应的参数直接调用。SQL Server 2005 提供的系统函数的类型如表 1.4 所示。

**表 1.4　　SQL Server 2005 提供的系统函数类型**

| 函数类型 | 功能说明 |
|---|---|
| 字符串函数 | 执行 char、varchar、nchar、nvarchar、binary 和 varbinary 值 |
| 数学函数 | 执行数学运算，如三角、几何等 |
| 日期和时间函数 | 执行 datetime 和 smalldatetime 的值 |
| 聚合函数 | 将多个之合并为一个值，如 COUNT、SUM、MIN、MAX 等 |
| 行集函数 | 返回行集 |
| 游标函数 | 返回有关游标状态的信息 |
| 配置函数 | 返回当前的配置信息 |
| 元数据函数 | 返回数据库和数据库对象的信息 |
| 安全性函数 | 返回有关用户和角色信息 |
| 文本和图像函数 | 执行 text 和 image 的值 |
| 内部统计函数 | 统计有关 SQL Server 性能的信息 |

具体的各类函数如表 1.5～表 1.9 所示。

**表 1.5　　字符串函数**

| 函数名称 | 功能说明 |
|---|---|
| ASCII (char_expr) | 返回第一个字符的 ASCII 值 |
| CHAR (int_expr) | 返回 ASCII 码值对应的字符 |
| CHARINDEX (expr1, expr2 [, start]) | 在 expr2 中从 start 位置开始查找 expr1 第一次出现的位置 |

续表

| 函数名称 | 功 能 说 明 |
| --- | --- |
| LTRIM (expr) | 将字符串左端的所有空格删除后返回 |
| RTRIM (expr) | 将字符串右端的所有空格删除后返回 |
| LOWER (expr) | 将字符串中的所有的大写字符转换为小写字符 |
| REPLACE (expr1, expr2, expr3) | 用 expr3 将 expr1 中所有子串 expr2 替换 |
| LEN (expr) | 测字符串长度，返回字符串长度 |
| LEFT (expr, n) | 返回字符串从左端起指定个数的字符串 |
| RIGHT (expr, n) | 返回字符串从右端起指定个数的字符串 |
| SPACE (n) | 返回指定个数的空格字符串 |
| SUBSTRING (expr, start, length) | 取子串 |
| STR (expr [, length [, decimal]]) | 将数字数据转换为字符数据，length 为总长度，decimal 是小数点右边的位数 |
| UPPER (expr) | 将字符串中小写字母转换成大写字母 |
| REVERSE (expr) | 返回字符表达式的反转值 |
| DIFFERENCE (char_expr1, char_expr2) | 比较两个字符串 |
| PATINDEX ('%parttern%, 'expr) | 在给定的表达式中指定模式的起始位置 |

**表 1.6　　　　数 学 函 数**

| 函数名称 | 功 能 说 明 |
| --- | --- |
| ABS (num_expr) | 返回绝对值 |
| SIGN (num_expr) | 根据参数是正还是负，返回－1、＋1 和 0 |
| SIN (float_expr) | 正弦函数 |
| COS (float_expr) | 余弦函数 |
| TAN (float_expr) | 正切函数 |
| COT (float_expr) | 余切函数 |
| ASIN (float_expr) | 反正弦函数 |
| ACOS (float_expr) | 反余弦函数 |
| ATAN (float_expr) | 反正切函数 |
| ATN2 (float_expr) | 返回两个值的反正切弧度值 |
| EXP (float_expr) | 指数函数 |

续表

| 函数名称 | 功能说明 |
| --- | --- |
| LOG (float_expr) | 计算以2为底的自然对数 |
| LOG10 (float_expr) | 计算以10为底的自然对数 |
| POWER (float_expr) | 幂运算 |
| SQRT (float_expr) | 平方根函数 |
| SQUARE (float_expr) | 平方函数 |
| FLOOR (num_expr) | 返回小于等于一个数的最大的整数 |
| ROUND (numeric_expression, length [, function]) | 返回数字表达式并四舍五入为指定的长度或精度 |
| DEGREES (float_expr) | 返回弧度值相对应的角度值 |
| RADINANS (float_expr) | 返回一个角度的弧度值 |
| CEILING (num_expr) | 返回大于或等于所给数字表达式的最大整数 |
| RAND (float_expr) | 返回float类型的随机数，该数的值在0~1之间 |
| PI | 返回以浮点数表示的圆周率，是常量 |

**表1.7　　日期和时间函数**

| 函数名称 | 功能说明 |
| --- | --- |
| DATEADD (datepart, number, date) | 返回给指定日期加上一个时间间隔后的新datetime值 |
| DATEDIFF (datepart, date1, date2)<br>DATENAME (datepart, date) | 返回跨两个指定日期的日期边界数和时间边界数<br>返回表示指定日期的指定日期部分的字符串 |
| DATEPART (datepart, date) | 返回日期date中datepart指定部分所对应的整数值 |
| DAY (date) | 返回一个整数，表示指定日期的天的部分 |
| GETDATE () | 返回当前的日期与时间 |
| MONTH (date) | 返回表示指定日期的“月”部分的整数 |
| YEAR (date) | 返回表示指定日期的年份的整数 |

**表1.8　　聚合函数**

| 函数名称 | 功能说明 |
| --- | --- |
| AVG | 返回一组值的平均值 |
| COUNT | 返回一组值中项目的数量（返回值为int类型） |
| COUNT (*) | 返回所选择行的数量 |
| MAX | 返回表达式或者项目中的最大值 |

续表

| 函数名称 | 功能说明 |
| --- | --- |
| MIN | 返回表达式或者项目中的最小值 |
| SUM | 返回表达式中所有项的和，或者只返回 DISTINCT 值。SUM 只能用于数字列 |
| STDEV | 返回表达式中所有值的统计标准偏差 |
| CHECKSUM | 返回在表中的行或者表达式列表计算的校验值，该函数用于生成哈希索引 |
| GROUPING | 产生一个附加的列，当用 CUBE 或 ROLLUP 运算符添加行时，附加的列输出为 1，当添加的行不是由 CUBE 或 ROLLUP 运算符产生时，附加的列输出为 0 |
| VAR | 返回表达式中所有值的统计标准方差 |

**表 1.9　　其他系统函数**

| 函数名称 | 功能说明 |
| --- | --- |
| CONVERT（data_type [(length)]，expression） | 把表达式 expression 的数据类型转换成 data_type 类型 |
| CAST（expression as data_type） | 把表达式 expression 的数据类型转换成 data_type 类型，但格式转换没有 convert（）灵活 |
| CURRENT_USER | 返回当前用户的名字 |
| DATALENGTH | 返回用于指定表达式的字节数 |
| HOST_NAME | 返回当前用户所登录的计算机名 |
| HOST_ID | 返回服务器端计算机的 ID 号 |
| SYSTEM_USER | 返回当前所登录的用户名称 |
| USER_NAME | 从给定的用户 ID 返回用户名 |
| DB_ID | 返回数据库的 ID |
| DB_NAME | 返回数据库的名称 |
| COALESCE | 返回第一个非空表达式 |
| COL_NAME（table_ID，column_ID） | 返回表中的列名，table_ID 为数据表的 ID |
| COL_LENGTH（'table_name'，'column_name'） | 返回指定字段的长度 |
| ISDATE（expr） | 检查给定的表达式是否为有效的日期格式 |
| ISNUMERIC（expr） | 检查给定的表达式是否为有效的数字格式 |

续表

| 函数名称 | 功能说明 |
| --- | --- |
| ISNULL (<check_expression>, <replacement_value>) | 用指定值替换表达式中的空值 |
| NULLIF (expr1, expr2) | 如果两个表达式相等，则返回NULL值 |
| OBJECT_ID | 返回数据库对象的ID |
| OBJECT_NAME | 返回数据库对象的名称 |

**【例1.14】** 字符串函数举例。

```
select substring ('abcde', 3, 2)
select upper ('abCD123')
select lower ('abCD123')
select left ('计算机文化基础', 3)
select right ('计算机文化基础', 3)
select ltrim ('  abc')          --删除起始空格
select rtrim ('   abc  ')       --截断尾部空格
```

**【例1.15】** 时间函数举例。

```
select getdate ()               --获取当前日期
select day ('03/12/1998') as [Day], month ('03/12/1998') as [Month], year ('03/12/1998') as
[Year]                          --从日期中获取年，月，日
```

**【例1.16】** 数学函数举例。

```
select abs (-1), abs (0), abs (1)      --求绝对值
select sin (1), cos (1)                --求正弦，余弦
select power (2, 3) as cube            --求幂
```

-- ROUND (numeric_expression, length [, function])，当length为正数时，numeric_expression四舍五入为length所指定的小数位数；当length为负数时，numeric_expression则按length所指定的在小数点的左边四舍五入。

```
SELECT FLOOR (12.9273)
SELECT CEILING (12.9273)
select sqrt (6.25) --求平方根
select square (5.5) --求平方
```

**【例1.17】** 转换函数举例。

```
select convert (char (10), getdate ()) --格式转换函数，把当前日期转换为字符型
```

**【例 1.18】** Null 函数举例。

```
select IsNull ('NickName', 'none')
select IsNull (null, 'none')
--如果 check_expression 不是 NULL，则返回其原来的值，否则，返回 replacement_value 的值.
```

# 第 2 章　数据库的创建与维护

数据库是数据库对象和数据的集合。它不仅反映数据本身的内容，而且反映数据内部以及数据库对象之间的联系。在开发数据库应用系统之前，必须先设计数据库，本章主要介绍数据库的创建、维护及关系模型的特点。

## 2.1　应用技术

以 SQL Server 2005 为平台，介绍数据库的应用技术。

### 2.1.1　数据库概述

1. 数据库分类

SQL Server 2005 有两类数据库：系统数据库和用户数据库。

(1) 系统数据库：存储有关 SQL Server 的系统信息，是系统管理的依据。

包括 master、model、tempdb 和 msdb，用户不能直接修改这些系统数据库，也不能在系统数据库表上定义触发器。各个系统数据库的功能如表 2.1 所示。

表 2.1　　SQL Server 2005 系统数据库

| 系统数据库名 | 功　能　说　明 |
| --- | --- |
| master 数据库 | 记录了 SQL Server 实例的所有系统级信息，例如登录账户、链接服务器和系统配置设置，还记录了所有其他数据库是否存在以及这些数据库文件的位置和 SQL Server 实例的初始化信息。禁止用户对其进行直接访问，同时要确保在修改之前始终有一个完整的、最新的 master 数据库备份 |
| model 数据库 | model 数据库用作在系统上创建的所有数据库的模板。当发出 CREATE DATABASE 语句时，新数据库的第一部分通过复制 model 数据库中的内容创建，剩余部分由空页填充 |
| tempdb 数据库 | 用于保存临时对象或中间结果集，包括：显示创建的临时的表、存储过程、表变量或游标；当快照隔离激活时，所有更新的数据信息；由 SQL Server 创建的内部工作表；创建或重建索引时产生的临时排序结果 |
| msdb 数据库 | 供 SQL Server 代理程序调度警报和作业以及记录操作员时使用 |

(2) 用户数据库。用户根据应用需求自己创建的数据库。2.1.2 小节数据库的创建、修改与删除都是针对用户数据库进行的操作。

2. 数据库文件

每个 SQL Server 2005 数据库至少具有两个文件：一个数据文件和一个日志文件。

(1) 数据文件：包含数据和对象，例如表、视图、索引、存储过程和触发器等。

数据文件可以有多个：一个主数据文件和多个次数据文件。主要数据文件包含数据库的启动信息，并指向数据库中的其他文件。用户数据和对象可存储在此文件中，也可以存储在次要数据文件中。

(2) 日志文件：包含恢复数据库中的所有事务所需的信息。

各数据库文件的具体功能说明如表 2.2 所示。

**表 2.2　　数据库文件**

| 数据库文件 | 功能说明 |
|---|---|
| 主数据文件 | 是数据库的起点，指向数据库中文件的其他部分。该文件是数据库的关键文件，包含了数据库的启动信息，并且存储部分或者是全部数据。主数据文件是必选的，即一个数据库有且只有一个主数据库文件，其扩展名为 .mdf，简称主数据文件 |
| 次数据文件 | 用于存储主文件中未包含的剩余数据和数据库对象，辅助数据文件不是必选的，即一个数据库有一个或多个辅助数据文件，也可以没有辅助数据文件。使用辅助数据库文件的优点在于，可以在不同物理磁盘上创建辅助数据库文件并将数据存储在文件中，这样可以提高数据处理的效率。另外，当数据庞大时，使得主数据库文件的大小超过操作系统对单一文件大小的限制，此时便需要使用辅助数据库文件来帮忙存储数据。其扩展名为 .ndf |
| 事务日志文件 | 用于存储恢复数据库所需的事物日志信息，是用来记录数据库更新情况的文件。事物日志文件也是必选的，即一个数据库可以有一个或多个事物日志文件。日志文件的大小至少是 512kB。其扩展名为 .ldf |

(3) 文件组。为了便于分配和管理，可以将数据文件集合起来，放到文件组中。一个文件只能存在于一个文件组中，一个文件组也只能被一个数据库使用；日志文件是独立的，它不能作为任何文件组的成员。当建立数据库时，主文件组包括主数据库文件和未指定组的其他文件；在次文件组中可以指定一个缺省文件组，在创建数据库对象时，如果没有指定将其放在哪一个文件组中时，将被放入缺省文件组中。

### 2.1.2　创建数据库

1. SQL Server Management Studio (SSMS)

展开服务器节点→右击数据库节点→选择“新建数据库”→打开“新建数

据库”对话框→设置数据库名称、数据库文件（包括数据文件、日志文件）的逻辑名称、文件类型、所属文件组、初始大小、自动增长方式、存储路径等参数。

**★提示：**①如果要把次数据文件存放在 PRIMARY 之外的文件组，需先建文件组，然后才能在此选择。②日志文件不需要指定文件组。

**【例 2.1】** 创建“学生课程”数据库。如图 2.1 所示。

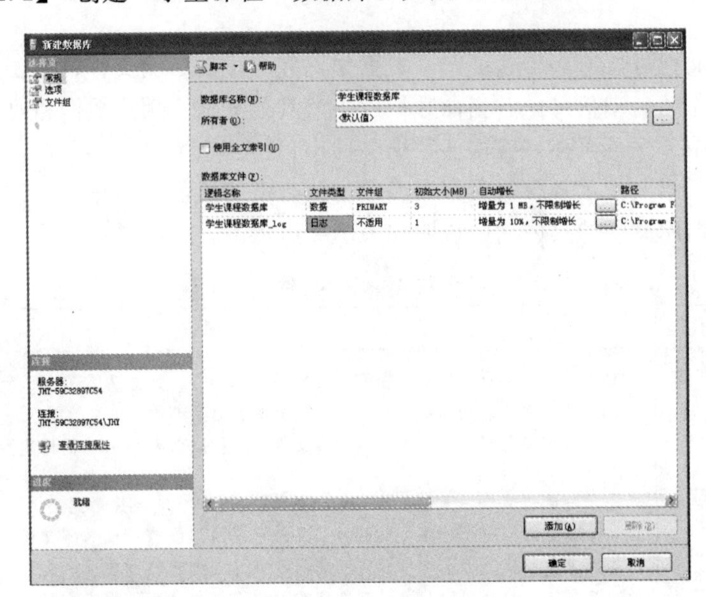


图 2.1　使用 SSMS 新建数据库

2. 使用 T-SQL 语句

语法格式为：

```
CREATE DATABASE database_name
ON
    ([PRIMARY]<filespec> [,…n ]
    [,<filegroup> [,…n ])
LOG ON
    (<filespec> [,…n ])
[COLLATE collation_name ][;]
```

参数说明：

（1）database_name 新数据库的名称。

数据库名称在 SQL Server 的实例中必须唯一，并且必须符合标识符规则。

（2）ON 指定显式定义用来存储数据库数据部分的磁盘文件（数据文件）。

（3）PRIMARY 指定关联的 <filespec> 列表定义主文件。

在主文件组的 <filespec> 项中指定的第一个文件将成为主文件，一个数据库只能有一个主文件。

(4) LOG ON 指定显式定义用来存储数据库日志的磁盘文件（日志文件）。

LOG ON 后跟以逗号分隔的用以定义日志文件的 <filespec> 项列表。如果没有指定 LOG ON，将自动创建一个日志文件，其大小为该数据库的所有数据文件大小总和的 25%或 512kB，取两者之中的较大者。

(5) COLLATE collation_name 指定数据库的默认排序规则。

排序规则名称既可以是 Windows 排序规则名称，也可以是 SQL 排序规则名称。如果没有指定排序规则，则将 SQL Server 实例的默认排序规则分配为数据库的排序规则。

**【例 2.2】** 创建教师 teacher 数据库，包含一个数据文件，一个日志文件。

```
CREATE DATABASE teacher
ON (                                    --主数据文件
  name='teacher',                       --逻辑名称
  filename='C:\teacher.mdf',            --物理名称,即完整存储路径,后缀为.mdf
  size=5mb,                             --数据文件的初始大小
  maxsize=50mb,                         --文件的最大容量
  filegrowth=5mb                        --文件的增长方式:兆字节
  )
LOG ON                                  --日志文件
  (
    name='teacher_log',
    filename='C: \ teacher.ldf',
    size=1mb,
    maxsize=50mb,
    filegrowth=10%                      --文件的增长方式：百分比
)
```

如果再包含一个次数据文件，则代码更改为：

```
CREATE DATABASE teacher
ON (                                    --主数据文件
  name='teacher',                       --逻辑名称
  filename='C:\teacher.mdf',            --物理名称,即完整存储路径,后缀为.mdf
  size=5mb,                             --数据文件的初始大小
  maxsize=50mb,                         --文件的最大容量
  filegrowth=5mb                        --文件的增长方式:兆字节
```

```
),                                   --两个数据文件的定义分别用小括号括起来,并以逗号隔开
(                                    --次数据文件
name='teacher2',
   filename='C:\teacher2.ndf',
   size=1mb,
   maxsize=50mb,
   filegrowth=5mb
   )                                 --日志文件与数据文件之间没有逗号
LOG ON                               --日志文件
   (
      name='teacher_log',
      filename='C: \ teacher.ldf',
      size=1mb,
      maxsize=50mb,
      filegrowth=10%                 --文件的增长方式:百分比
)
```

### 2.1.3　修改数据库

数据库创建之后，可对其重新进行配置，方法有两种。

1. SQL Server Management studio

右击需修改配置的数据库→属性→打开“数据库属性”对话框→通过文件、文件组、选项、权限等选项卡对数据库属性进行配置。包括在数据库中添加或删除文件和文件组、更改数据库的属性或其文件和文件组、更改数据库排序规则和设置数据库选项。

2. 使用 T-SQL 语句

语法格式为：

```
ALTER DATABASE <database_name>
{
    MODIFY NAME = new_database_name
    | COLLATE collation_name
    | <file_and_filegroup_options>
} [;]
```

参数说明：

(1) database_name：要修改的数据库的名称。

(2) MODIFY NAME =new_database_name

使用指定的名称 new_database_name 重命名数据库。

(3) COLLATE collation_name 指定数据库的排序规则。

collation_name 既可以是 Windows 排序规则名称，也可以是 SQL 排序规则名称。如果不指定排序规则，则将 SQL Server 实例的排序规则指定为数据库的排序规则。

（4）<file_and_filegroup_options>：文件和文件组设置参照下方修改文件和文件组的语法：

```
ALTER DATABASE database_name
{
    <add_or_modify_files>|<add_or_modify_filegroups>
}[;]
其中
<add_or_modify_files>::=
{
  ADD FILE <filespec> [,…n][TO FILEGROUP {filegroup_name}]
  |ADD LOG FILE <filespec> [,…n ]
  |REMOVE FILE logical_file_name
  |MODIFY FILE <filespec>
}
其中
<filespec>::=
(
    NAME = logical_file_name
    [,NEWNAME = new_logical_name]
    [,FILENAME = {'os_file_name' |'filestream_path'|'memory_optimized_data_path'}]
    [,SIZE = size [KB| MB|GB|TB]]
    [,MAXSIZE ={max_size [KB|MB|GB|TB]|UNLIMITED}]
    [,FILEGROWTH = growth_increment [KB|MB|GB|TB|%]]
    [,OFFLINE ]
)
```

**【例 2.3】** 修改数据库的名称。

```
ALTER DATABASE teacher
MODIFY NAME=tech_info;
```

**【例 2.4】** 往数据库 teach_info 中添加一数据文件。

```
ALTER DATABASE teach_info
ADD FILE (NAME=teacher3,
          FILENAME='C:\teacher3.ndf',
```

```
SIZE=10MB);
```

### 2.1.4 删除数据库

DBA和用户只能删除具有删除权限的用户数据库，不能删除系统数据库，也不能删除正在使用的数据库，以及正在被恢复还原和参与复制的数据库。数据库删除之后，文件及其数据都从服务器上的磁盘中删除，一旦数据库被删除，它即被永久删除，并且不能进行检索。

使用T-SQL语句删除数据库，语法格式为：

```
DROP DATABASE <database_name>;
```

**【例2.5】** 删除tech_info数据库。

```
DROP DATABASE tech_info;
```

## 2.2 相关原理

对于模型，特别是具体的模型，人们并不陌生。一张地图、一组建筑设计模型、一架精致的航模飞机都是具体的模型。模型是现实世界特征的模拟和抽象。数据模型也是模型，它是现实世界数据特征的抽象。

数据库是某个企业、组织或部门所涉及的数据的综合，它不仅要反映数据本身的内容，而且要反映数据之间的联系。由于计算机不可能直接处理现实世界中的具体事物，所以人们必须事先把具体事物转换成计算机能够处理的数据。在数据库中用数据模型这个工具来抽象、表示和处理现实世界中的数据和信息。通俗地讲数据模型是对现实世界的模拟。

数据模型应满足三方面的要求：①能比较真实地反映现实世界；②容易为人们所理解；③便于在计算机上实现。

数据模型分成两个不同的层次：①概念模型：也称信息模型，它是按用户的观点来对数据和信息建模，主要用于数据库设计。②逻辑模型和物理模型。其中逻辑模型主要包括网状模型、层次模型、关系模型、面向对象模型等，它是按计算机系统的观点对数据建模，主要用于DBMS的实现；物理模型是对数据最底层的抽象，它描述数据在系统内部的表示方式和存取方法，由DBMS完成。

数据模型是数据库系统的核心和基础，各种机器上实现的DBMS软件都是基于某种数据模型的。

为了把现实世界的具体事物抽象、组织为某一DBMS支持的数据模型，人们常常首先将现实世界抽象为信息世界，然后将信息世界转换为机器世界，即首先把现实世界中的客观对象抽象为某一种信息结构。这种信息结构并不依

赖于具体的计算机系统，不是某一个 DBMS 支持的数据模型，而是概念级的模型。然后再把概念模型转换为计算机上某一 DBMS 支持的数据模型，这一过程如图 2.2 所示。

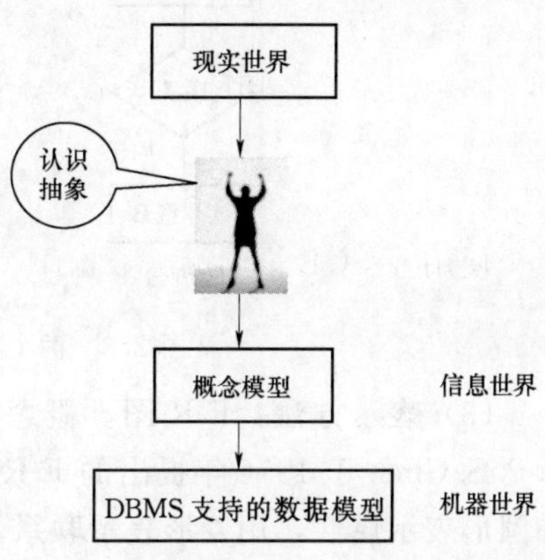

图 2.2　对现实世界客观对象的抽象过程

下面首先介绍数据模型的共性——数据模型的组成要素，然后分别介绍两类不同的模型：概念模型和数据模型。

1. 数据模型的组成要素

一般来讲，数据模型是严格定义的一组概念的集合。这些概念精确地描述了系统的静态特性、动态特性和完整性约束条件。因此数据模型由数据结构、数据操作、数据的约束条件（完整性约束）三部分组成。

2. 概念模型（信息模型）

由图 2.2 可以看出，概念模型是现实世界到机器世界的一个中间层次。

概念模型用于信息世界的建模，是现实世界到信息世界的第一层抽象，是数据库设计人员进行数据库设计的有力工具，也是数据库设计人员和用户直接按进行交流的语言。

（1）信息世界中的基本概念：实体、属性、码、域、实体型、实体集、联系。

1）实体：客观存在并可相互区别的事物。实体可以是具体的人、事、物，也可以是抽象的概念或联系。例如：一个职工、一个学生、一门课、老师与系的工作关系等都是实体。

2）属性：实体所具有的某一特性称为属性。一个实体可以由若干个属性来刻画。例：学生实体可以由学号、姓名、性别、出生年月、系、入学时间等属性组成。

3）码：唯一标识实体的属性集。例：学号就是学生实体的码。

4）域：属性的取值范围称为该属性的域。例：学号的域为 8 为整数，性别的域为（男，女）。

5）实体型：具有相同属性的实体必然具有共同的特征和性质。用实体名及其属性名集合来抽象和刻画同类实体，称为实体型。例：学生（学号，姓名，性别，出生年月，系，入学时间）就是一个实体型。

6）实体集：同型实体的集合称为实体集。例：全体学生就是一个实体集。

7）联系：在现实世界中，事物内部以及事物之间是有联系的，这些联系在信息世界中反映为实体内部的联系和实体之间的联系。

(2) 联系的分类：一对一、一对多、多对多，如图 2.3 所示。

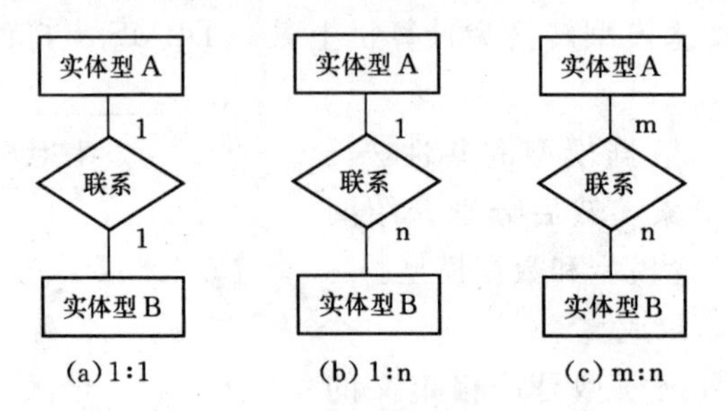


图 2.3　两个实体型之间的三种联系

(3) 表示方法：E-R 图。概念模型的表示方法很多，最著名最常用的是 P. P. S. Chen 于 1976 年提出的 E-R 图概念模型。其中用矩形表示实体型，用椭圆形表示属性，用菱形表示联系。

如图 2.4 所示为一个简单的教务管理系统 E-R 图。

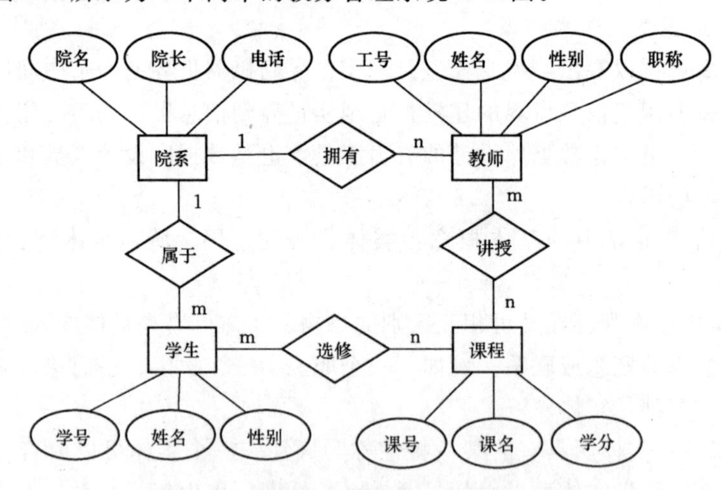


图 2.4　简单教务管理系统的基本 E-R 图

3. 常用的数据模型

(1) 层次模型。用树形结构来表示各类实体以及实体间的联系。

1) 数据结构特点：有且只有一个结点没有双亲结点，这个结点称为根结点；根以外的其他结点有且只有一个双亲结点。

2) 数据操纵与完整性约束。

进行插入操作时，没有双亲结点无法插入；

进行删除时，相应的子女结点也要被删除；

修改操作时，应保持数据的一致性。

层次模型的优点：数据结构简单，查询效率高，提供了良好的完整性支

持；缺点：对现实世界中非层次结构无法表示，查询子结点必须通过父结点等。

(2) 网状模型。

数据结构：呈网状。允许一个以上的结点无双亲；一个结点可以有多于一个的双亲。

优缺点：存取效率高但是结构复杂。

(3) 关系模型。

1) 数据结构：关系即一张二维表。

关系模型中的一些术语：

- 关系（relation）：一个关系对应一张表。
- 元组（tuple）：表中的一行。
- 属性（attribute）：一列即为一个属性。
- 主码（key）：表中的某个属性组，可以唯一确定一个元组。
- 域（domain）：属性的取值范围。
- 分量：元组中的一个属性值。
- 关系模式：对关系的描述，一般表示为：关系名（属性1，属性2，…，属性n）。

在关系模型中，实体和实体间的联系都是用关系来表示。

2) 数据操纵和完整性约束。关系的完整性约束条件包括三大类：实体完整性、参照完整性和用户定义的完整性。具体含义后面介绍。

3) 存储方法：以文件形式存放。在关系数据模型中，实体及实体间的联系都用表来表示。在数据库的物理组织中，表以文件形式存储。结合上面的应用，主要有数据文件和日志文件。

优缺点：存取路径透明，从而具有更高的数据独立性、更好的安全保密性，也简化了程序员的工作和数据库开发建立的工作；但查询效率较低。

# 第3章 基本表的设计与关系规范化理论

## 3.1 应用技术

### 3.1.1 基本概念

表是数据库中最基本的数据库对象，是数据库中数据实际存储的地方。在 SQL Server 2005 中一个数据库最多可以包含 20 亿个表。

表是由行和列组成的，每一行表示唯一的一条记录，每行最多可以存储 8092 个字节；每一列表示基本表的一个属性，每个表最多可以存储 1024 列。

### 3.1.2 属性的数据类型

SQL Server 2005 中的数据类型主要包括两大类：系统数据类型和用户定义数据类型。本章主要讨论系统数据类型，包括以下 7 大类。

1. 字符串

具体如表 3.1 所示。

**表 3.1　字符串数据类型**

| 数据类型名 | 说　明 |
|---|---|
| char (n) | 固定长度的非 Unicode 字符数据，最大长度为 8000 个字符 |
| varchar (n) | 长度可变的非 Unicode 数据，最长为 8000 个字符 |
| text | 长度可变的非 Unicode 数据，最大长度为 $2^{31}-1$ 个字节 |

如：某一变量的数据类型定义为 char (5)，当输入'abc'时，数据占 5 个字节，不足 5 个以空格填充。若定义为 varchar (5)，当输入'abc'时，数据占 3 个字节，长度 5 表示最大长度。

2. Unicode 字符串

非 Unicode 字符集中，一个英文字母占一个字节，一个数字占一个字节，而一个汉字占两个字节。英文和汉字同时存在时不容易统计整个字符串的长度；Unicode 字符集就是为了解决这种问题而产生的，所有的字符都占两个字节。

表 3.2　　Unicode 字符串数据类型

| 数据类型名 | 说　明 |
|---|---|
| nchar（n） | 固定长度的 Unicode 字符数据，最大长度为 4000 个字符 |
| nvarchar（n） | 长度可变的 Unicode 数据，最长为 4000 个字符 |
| ntext | 长度可变的非 Unicode 数据，最大长度为 $2^{30}-1$ 个字节 |

对比表 3.2 和表 3.1，可看出 Unicode 字符串比非 Unicode 字符串长度缩小一半。通常情况下，若字符串中大部分为中文，定义为 nchar/nvarchar；若大部分为英文或数字，则定义为 char/varchar 比较合适。

3. 精确数字

表 3.3　　精确数字类型

| 数据类型名 | 说　明 |
|---|---|
| bit | 值为 0 或 1 的整数 |
| tinyint | 0 到 255 之间的整数 |
| smallint | $-2^{15}$ 到 $2^{15}-1$ 之间的整数 |
| int | $-2^{31}$ 到 $2^{31}-1$ 之间的整数 |
| bigint | $-2^{63}$ 到 $2^{63}-1$ 之间的整数 |
| numecir（p，s） | 固定精度和小数位数的数字数据，范围为从 $-10^{38}+1$ 到 $10^{38}-1$ |
| Decimal（p，s） | 固定精度和小数位数的数字数据，范围为从 $-10^{38}+1$ 到 $10^{38}-1$ |
| smallmoney | $-2^{31}$ 到 $2^{31}-1$ 之间的货币数据值，精确到货币单位的万分之一 |
| money | $-2^{63}$ 到 $2^{63}-1$ 之间的货币数据值，精确到货币单位的万分之一 |

4. 近似数字

表 3.4　　近似数字数据类型

| 数据类型名 | 说　明 |
|---|---|
| float | 浮点精度数字数据，有效值为 $-1.79\times10^{308}$ 到 $-2.23\times10^{-308}$、0 以及 $2.23\times10^{308}$ 到 $1.79\times10^{308}$ |
| real | 浮点精度数字数据，有效值为 $-3.40\times10^{38}$ 到 $-1.18\times10^{-38}$、0 以及 $1.18\times10^{38}$ 到 $3.40\times10^{38}$ |

5. 日期和时间

表 3.5 日期和时间数据类型

| 数据类型名 | 说明 |
| --- | --- |
| datatime | 日期和时间数据，从1753年1月1日到9999年12月31日，精确到1s的3%或3.33ms |
| smalldatatime | 日期和时间数据，从1900年1月1日到2079年6月6日，精度为1min |

6. 二进制字符串

表 3.6 二进制字符串数据类型

| 数据类型名 | 说明 |
| --- | --- |
| binary | 固定长度的二进制数据，长度为1到8000 |
| varbinary | 长度可变的二进制数据，最大长度为8000 |
| image | 长度可变的二进制数据，从0到2147483647个字节 |

7. 其他数据类型

表 3.7 其他数据类型

| 数据类型名 | 说明 |
| --- | --- |
| sql_variant | 用于存储SQL Server 2005支持的各种数据类型，不包括text、ntext、image、timestamp |
| timestamp | 时间戳数据类型，每次更新行时都会得到更新的数据库范围内的唯一号 |
| uniqueidentifier | 全局唯一标识符（GUID） |
| xml | 将XML实例存储在字段中或XML类型的变量中 |

### 3.1.3 基本表的设计与维护

学生课程数据库stud_course包含4个表：student（学生表）、course（课程表）、sc（选课表）和department（院系表），表结构如表3.8～表3.11所示。

表 3.8 student

| 列名 | 数据类型 | 是否允许为空 | 是否主键 |
| --- | --- | --- | --- |
| sno | varchar（9） | 不允许 | 主键 |
| sname | varchar（20） | 允许 | |
| sgender | char（2） | 允许 | |
| sage | int | 允许 | |
| sdept | varchar（20） | 允许 | |
| saddr | varchar（50） | 允许 | |
| stel | char（11） | 允许 | |

表 3.9 **course**

| 列名 | 数据类型 | 是否允许为空 | 是否主键 |
|---|---|---|---|
| cno | varchar（5） | 不允许 | 主键 |
| cname | varchar（20） | 允许 | |
| ccredit | smallint | 允许 | |
| cpno | varchar（5） | 允许 | |
| cteacher | varchar（10） | 允许 | |

表 3.10 **sc**

| 列名 | 数据类型 | 是否允许为空 | 是否主键 |
|---|---|---|---|
| sno | varchar（9） | 不允许 | 主键 |
| cno | varchar（5） | 不允许 | |
| cgrade | float | 允许 | |

表 3.11 **department**

| 列　名 | 数据类型 | 是否允许为空 | 是否主键 |
|---|---|---|---|
| dept | varchar（20） | 不允许 | 主键 |
| president | varchar（10） | 不允许 | |

1. 创建表

本节只介绍使用 T-SQL 语句创建表的方法，语法格式为：

```
CREATE TABLE <表名>（<列名><数据类型>［列级完整性约束条件］
                    [,<列名><数据类型>［列级完整性约束条件］]
                    [...]
                    [,<表级完整性约束条件>]);
```

参数说明：

（1）列级完整性的约束条件。列级完整性约束是针对属性值设置的限制条件。SQL 的列级完整性条件有以下几种：

1）NOT NULL 或 NULL 约束：NOT NULL 约束不允许字段值为空，而 NULL 约束允许字段值为空。字段值为空的含义是该属性值“不详”“含糊”或“无意义”。对于关系的主属性，必须限定是“NOT NULL”，以满足实体完整性；而对于一些不重要的属性，例如备注字段，则可以不输入字段值，即允许为 NULL 值，表示“无”。

2）UNIQUE 约束：确保属性值取值唯一。

3）DEFAULT 约束：将列中使用频率最高的属性值定义为 DEFAULT 约

束中的默认值，可以减少数据输入的工作量。DEFAULT 约束的语法格式为：

DEFAULT <约束名> <默认值> FOR <列名>

4）CHECK 约束：它通过约束条件表达式设置列值应满足的条件。CHECK 约束的语法格式为：

CONSTRAIN <约束名> CHECK <(约束条件表达式)>

列级约束的约束条件表达式中只涉及一个列的数据。如果约束条件表达式涉及多列属性，则它就成为表级的约束条件，应当作为表级完整性条件表示。

（2）表级完整性的约束条件。表级完整性约束条件是指涉及关系中多个列的限制条件，有以下几种：

1）PRIMARY KEY 约束：实体完整性约束，用于定义主码，保证主码的唯一性和非空性。PRIMARY KEY 约束可直接写在主码后，也可按语法单独列出。语法格式为：

CONSTRAIN <约束名> PRIMARY KEY [CLUSTERED] (<列组>)

其中，CLUSTERED 短语为建立<列组>聚簇。

2）FOREIGN KEY 约束：外码和参照表约束。语法格式为：

CONSTRAIN <约束名> FOREIGN KEY (<外码>)
REFERENCES <被参照表名> (<与外码对应的主码名>)

**【例 3.1】** 创建学生表 student。

```
CREATE TABLE student(sno varchar(9) PRIMARY KEY,      --列级约束
                     sname varchar(20),
                     sgender char(2),
                     sage int,
                     sdept varchar(20),
                     saddr varchar(50),
                     stel varchar(11));
```

**【例 3.2】** 创建选课表 sc。

```
CREATE TABLE sc(sno varchar(9),
                cno varchar(5),
                cgrade float,
                PRIMARY KEY(sno,cno));          --表级约束
```

2. 约束

约束是指表中数据应满足一些强制性条件，这些条件由数据库设计人员或 DBA 创建。约束为 SQL Server 2005 的数据完整性提供了保证，它通过限制字

段的属性、表与表之间的关系，使得用户修改一个表的记录时，DBMS 自动检查是否满足约束条件。SQL Server 2005 中的约束有 5 种：非空约束、检查约束、唯一约束、主键约束、外键约束。

(1) 通过 SQL Server Management Studio 设计。在某个表的某一列或某几列上创建约束，先打开表设计器窗口，在某一列上点鼠标右键，5 种约束的创建位置如图 3.1 所示。

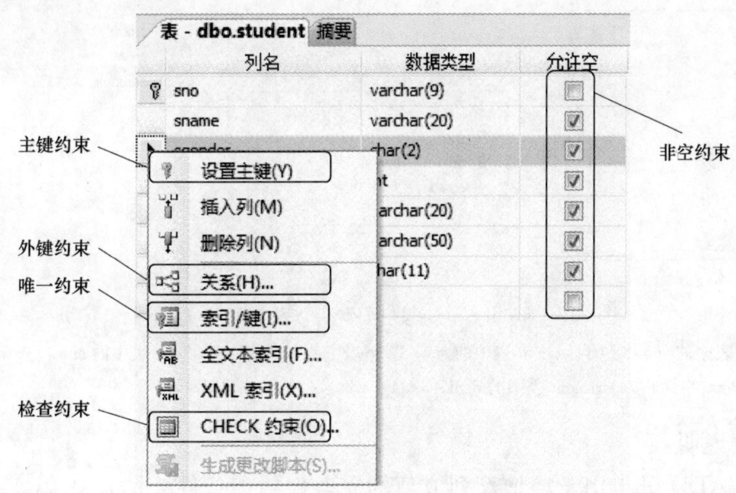


图 3.1　5 种约束的创建方法

(2) 使用 T-SQL 语句，语法格式已在创建表的语法格式中介绍。

**★提示：** ①唯一约束与主键约束的区别：一个表只能定义一个主键，且主键不允许为空；而唯一约束可以定义多个，且可以允许为空。②建立了外键约束的两个表，当主表中的主键或唯一约束键变更时，相应地从表中的外键也自动被更改。当向从表中添加数据时，如果主表中没有相同的值，系统将提示错误，不能够添加数据。

3. 数据库关系图

对于一个数据库中表与表之间的关联关系，可以通过外键约束实现，也可以通过创建数据库关系图实现。

**【例 3.3】** 在 stud_course 数据库中创建数据库关系图，如图 3.2 所示。

4. 修改表

使用 ALTER TABLE 语句修改表结构，语法格式为：

```
ALTER TABLE <表名>
[ADD [<新列名><数据类型>] [<完整性约束>]]
[DROP<完整性约束名>]
[ALTER COLUMN<列名><数据类型>];
```

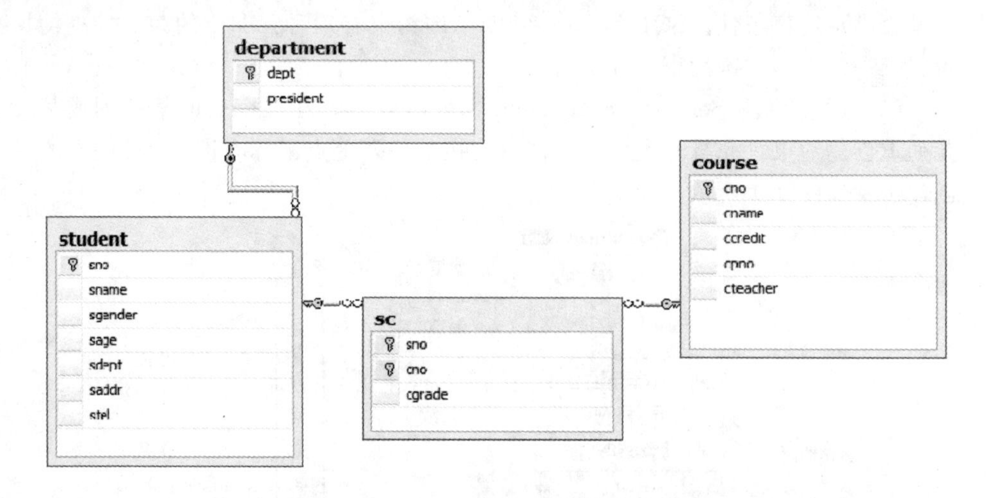


图 3.2　stud_course 数据库 4 个表之间的关系图

说明：①sc 表中的 sno 参照于 student 表中的 sno；②sc 表中的 cno 参照于 course 表中的 cno；③student 表中的 sdept 参照于 department 表中的 dept。

参数说明：

(1) ADD 子句用于增加新列或新的完整性约束条件。

(2) DROP 子句用于删除指定的完整性约束条件。

(3) ALTER COLUMN 子句用于修改原有的列定义，包括修改列名、数据类型、约束等。

**【例 3.4】** 在 sc 表 cgrade 列上添加检查约束，强制输入的成绩从 0 到 100 之间。

```
ALTER TABLE sc
ADD CONSTRAINT c1 CHECK（cgrade BETWEEN 0 AND 100）
```

5. 删除表

语法格式为：

```
DROP TABLE<表名>;
```

基本表被删除，表中数据及在该表上创建的索引、约束等全部删除，基于该基本表创建的视图虽还存在，但通过该视图已查询不到数据。

6. 插入数据

通过 T-SQL 语句插入数据有两种情况：一次插入一个元组，或一次可以插入多个元组。

(1) 插入单个元组。语法格式为：

```
INSERT
INTO＜表名＞[(＜属性列1＞[,＜属性列2＞]…)]
VALUES(＜常量1＞[,＜常量2＞]…);
```

**【例 3.5】** 在 sc 表中插入一条选课记录。

包括以下两种情况：

1）INTO 子句的列名全部省略。

```
INSERT
INTO sc
VALUES ('201319101', 'dl003', 67)
```

此时，新插入的记录必须在每个属性上均有值。否则结果如图 3.3 所示。

```
INSERT
INTO sc
VALUES ('201319102', 'dl003')
```

消息
消息 213，级别 16，状态 1，第 1 行
插入错误：列名或所提供值的数目与表定义不匹配。

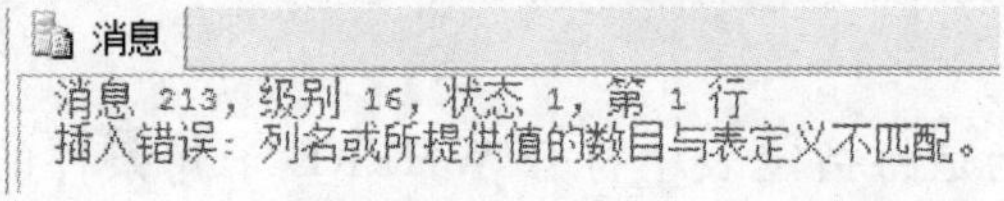

图 3.3　列名全部省略时必须给所有属性赋值

2）INTO 子句中指定列名。

```
INSERT
INTO sc (sno, cno, cgrade)
VALUES ('201319102', 'dl003')
```

此时，values 子句中的属性值必须与列名一一对应，否则报错，如图 3.4 所示。

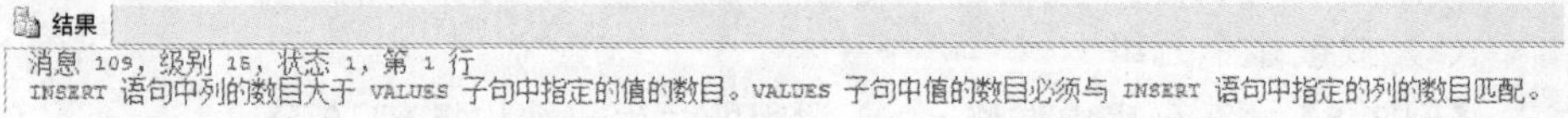

结果
消息 109，级别 15，状态 1，第 1 行
INSERT 语句中列的数目大于 VALUES 子句中指定的值的数目。VALUES 子句中值的数目必须与 INSERT 语句中指定的列的数目匹配。

图 3.4　属性值个数与列名列数不一致时报错

代码应修改如下：

```
INSERT
INTO sc (sno, cno)
VALUES ('201319102', 'dl003')
```

（2）插入子查询结果。通过将 SELECT 子句嵌套在 INSERT 子句中，可以一个插入多个元组。语法格式如下：

```
INSERT
```

```
INTO<表名>[(<属性列1>[,<属性列2>]…)]
SELECT 语句块;
```

**【例3.6】** 求各系学生的平均年龄，并把结果存入到数据库中。

```
CREATE TABLE dept_avg_age
          ( sdept varchar (20), avg_age int);
INSERT
INTO dept_avg_age
SELECT sdept, AVG (sage)
FROM student
GROUP BY sdept;
```

7. *修改数据*

修改操作又可称为更新操作，语法格式为：

```
UPDATE <表名>
SET <列名>=<表达式>[,<列名>=<表达式>]…
[WHERE<条件> ];
```

该语句的功能是将指定表中符合 WHERE 子句条件的元组的某些列用 SET 子句中给出的表达式的值替代。如果省略 WHERE 子句，则表示要修改指定表中的全部元组。

修改数据包括以下几种情况：

（1）修改一个元组。

**【例3.7】** 将学生 201318901 的年龄改为 22 岁。

```
UPDATE student
SET sage=22
WHERE sno='201318901';
```

（2）修改多个元组。

**【例3.8】** 将 sc 表中选修 rj001 课程的学生成绩均提高 10 分。

```
UPDATE sc
SET cgrade=cgrade+10;
WHERE cno='rj001'
```

（3）带子查询的修改语句。

**【例3.9】** 将 sc 表中“数据库系统”课程的成绩乘以 1.2。

```
UPDATE sc
SET cgrade=cgrade*1.2
WHERE cno = ( SELECT cno
```

```
        FROM course
        WHERE cname='数据库系统');
```

★提示：该题中元组修改条件是选修了数据库系统课程，而在选课表中只有 cno 而无 cname，因此，要通过在 course 表中查找 cname='数据库系统'的 cno，才能确定修改的元组，所以该题的 WHERE 子句中使用了子查询。

8. 删除数据

语法格式为：

```
DELETE
FROM<表名>
[WHERE<条件>];
```

说明：

- DELETE 语句的功能是从指定表中删除满足 WHERE 子句条件的所有元组。
- 如果在数据删除语句中省略 WHERE 子句，表示删除表中全部元组。
- DELETE 语句删除的是表中的数据，而不是表的定义，即使表中的数据全部被删，表的定义仍在数据库中。
- 一个 DELETE 语句只能删除一个表中的元组，它的 FROM 子句中只能有一个表名，不允许有多个表名。如果需要删除多个表的数据，就需要用多个 DELETE 语句。

（1）删除一个元组。

**【例 3.10】** 删除学号为 201319001 的学生的记录。

```
DELETE
FROM student
WHERE sno='201319001';
```

（2）删除多个元组。

**【例 3.11】** 删除所有学生的选课记录。

```
DELETE
FROM sc
```

（3）带子查询的删除语句。

**【例 3.12】** 删除水利学院所有学生的选课记录。

```
DELETE
FROM sc
WHERE'水利'= ( SELECT sdept
          FROM student
```

```
WHERE student. sno=sc. sno);
```

解题要点：该题中使用了带有子查询的删除，用于查找属于水利学院的学生。

## 3.2　相关原理

一个数据库系统中应包括多少个表，每个表的表结构如何设置，表与表之间的关联关系又是怎样的，这些问题直接影响着数据库系统性能的高低。所以读者不仅要会建基本表，还应该知道如何设计基本表使其符合规范化理论，使其不存在插入异常、更新异常和删除异常，且其数据冗余尽可能小。

### 3.2.1　关系数据结构

关系模型只包含单一的数据结构——关系，从 DBA 和用户角度看，关系模型中数据的逻辑结构是一张二维表。一个关系对应一张二维表。

1. 关系

下面从集合论的角度出发给出关系数据结构的形式化定义。

（1）域：是一组具有相同数据类型的值的集合，例：实数、整数等。

（2）笛卡尔积：给定一组域 D1，D2，…，Dn，这些域中可以有相同的，则 D1，D2，…，Dn 的笛卡积为：D1×D2×…×Dn＝｛（d1，d2，…，dn）｜di∈Di，i=1，2，…，n｝，即笛卡尔积是所有域的所有权取值的一个组合，且不能重复。

元组：笛卡尔积中的每一个元素（d1，d2，…，dn）叫做一个 n 元组，简称元组。

分量：笛卡尔积元素（d1，d2，…，dn）中的每一个值 di 叫做一个分量。

（3）关系：D1×D2×…×Dn 的子集叫做在域 D1，D2，…，Dn 上的关系，表示为 R（D1，D2，…，Dn），其中：R 为关系名，n 是关系的目或度。

当 n=1 时，该关系为单元关系；当 n=2 时，该关系为二元关系。

对于二维表，表的每行对应一个元组，每列对应一个域。由于域可以相同，为了加以区别，必须给每列起一个名字，称为属性。n 目关系必有 n 个属性。

关系中涉及的基本概念：

（1）候选码：若关系中的某一属性组的值能唯一地标识一个元组，则称该属性组为候选码。

（2）主码：若一个关系有多个候选码，则选定其中一个为主码。

（3）主属性：候选码的诸属性称为主属性。

(4) 非主属性：不包含在任何候选码中的属性称为非主属性。

关系（基本表）具有以下6条性质：

(1) 列是同质的，即每一列的分量是同一类型的数据。

(2) 不同的列可来自相同的域，每一列有一个不同的属性名。

(3) 列的次序可以任意交换。

(4) 任意两个元组的候选码不能相同，即不存在两个完全相同的元组。

(5) 行的次序可以任意交换，当设置主键或创建索引时，会按某种规则排序。

(6) 每一个分量都必须是不可分的数据项。

2. 关系模式

在一个给定的应用领域中，所有实体及实体之间联系的集合构成一个关系数据库。关系数据库有型和值之分，关系模式是型，关系是值。关系模式是对关系的描述。可形式化地表示为

R（U，D，DOM，F）

其中：R为关系名，U为组成该关系的属性名集合，D为属性组U中属性所来自的域，DOM为属性向域的映像集合，F为属性间的数据依赖关系集合。

而域名D常常直接说明为属性的类型，属性向域的映像DOM直接说明为属性的长度，所以本章的关系模式可简记为R（U，F）。

若再把数据依赖单独拿出来介绍，关系模式简记为R（U）或R（A1，A2，…，An），其中A1，A2，…，A为构成关系的属性名。

### 3.2.2 关系的完整性

关系模型的完整性规则是对关系的某种约束条件，关系模型中有三类完整性约束：实体完整性、参照完整性和用户定义的完整性。

其中实体完整性和参照完整性是关系模型必须满足的完整性约束条件，被称作是关系的两个不变性，由关系系统自动支持。

1. 实体完整性规则

若属性A是基本关系R的主属性，则属性A不能取空值。

几点说明：①实体完整性规则是针对基本关系而言的；②现实世界中的实体是可分的，即它们具有某种唯一性标识；③相应的，关系模型中的主码作为唯一性标识；④主属性不能为空，否则与②相违背。

关系的实体完整性在CREATE TABLE中用PRIMARY KEY定义。

**【例3.13】** 将course表中的cno属性定义为码。

```
CREATE TABLE course(cno varchar(5) PRIMARY KEY,        --在列级定义主码
```

```
                cname varchar(20),
                ccredit smallint,
                cpno varchar(5),
                cteacher varchar(10));
```

```
或 CREATE TABLE course(cno varchar(5),
                cname varchar(20),
                ccredit smallint,
                cpno varchar(5),
                cteacher varchar(10)
                PRIMARY KEY(cno));                --在表级定义主码
```

**★提示：** 若是多个属性组合构成码，码只能定义在表级。

2. 参照完整性

（1）表间关系。关系与关系之间的参照完整性通过建立外键约束或通过建立数据库关系图实现。例如：

student（sno，sname，sgender，sage，sdept，saddr，stel）

course（cno，cname，ccredit，cpno，cteacher）

sc（sno，cno，cgrade）

这三个关系之间存在着关联关系：sc 表中的 sno 参照于 student 表中的 sno，sc 表中的 cno 参照于 course 表中的 cno，即 sc 表中的 sno 和 cno 分别是 student 表中 sno 和 course 表中 cno 的一个子集。表间关系一旦建立，再往 sc 表中插入某个学生的选课记录时，先查看 student 表中是否有该学生的基本信息，course 表中是否有这门课程，如果条件都成立，则插入成功，否则失败；删除记录时，顺序相反，即先删除 sc 中的选课信息，再删另外两个表；更新操作时，会级联更新。

（2）外码。设 F 是基本关系 R 的一个或一组属性，但不是关系 R 的码。如果 F 与基本关系 S 的主码 $K_S$ 相对应，则称 F 是基本关系 R 的外码，关系 R 称为参照关系，关系 S 称为被参照关系。

（3）参照完整性规则。若属性（或组）F 是关系 R 的外码，则对于 R 中每个元组在 F 上的值必须为：或者取空值（F 中每个属性都为空），或者等于 S 中某个元组的主码值。

参照完整性在 CREATE TABLE 中用 FOREIGN KEY… REFERENCES… 定义。语法格式为：

```
FOREIGN KEY<外键>REFERENCES<被参照表><主键>
```

**【例 3.14】** 定义 sc 表中的参照完整性。

```
CREATE TABLE sc(sno varchar(9) NOT NULL,
                cno varchar(5) NOT NULL,
                cgrade float,
                PRIMARY KEY(sno,cno)
                FOREIGN KEY(sno) REFERENCES student(sno),
                FOREIGN KEY(cno) REFERENCES course(cno));
```

3. 用户定义的完整性

用户定义的完整性是指某一具体关系数据库根据其应用环境的不同，数据必须满足的语义要求。

用户在创建基本表时，主要通过创建约束来实现用户定义的完整性，包括：

(1) 非空约束（NOT NULL），如［例 3.15］。

(2) 取值唯一约束（UNIQUE）。

**【例 3.15】** 在 student 表 sname 列上建唯一约束。

```
ALTER TABLE student
ADD CONSTRAINT s1 UNIQUE(sname);
```

执行该语句，打开索引/键对话框，可看到创建的唯一约束 s1。

(3) 检查约束（CHECK）如［例 3.4］。

### 3.2.3 关系规范化理论

针对一个具体问题，应该如何构造一个适合于它的数据模式，即应该构造几个关系模式，每个关系由哪些属性组成等，这是关系数据库逻辑设计问题。设计任何一个关系数据库系统，都会遇到这个问题。由于关系模型有严格的数学理论基础，且可以向别的数据模型转换，人们就以关系模型为背景讨论这个问题，形成了数据库逻辑设计的一个有力工具——关系数据库的规范化理论。

3.2.1 小节提到把关系模式看作一个三元组：

R（U，F）

当且仅当 U 上的一个关系 r 满足 F 时，r 称为关系模式的一个关系。

关系，对它有一个最起码的要求：每一个分量必须是不可分的数据项，满足这个条件的关系模式就属于第一范式（1NF）。

首先讨论一个关系属性间不同的依赖情况，然后讨论如何根据属性间依赖情况判定关系是否具有某些不合适的性质。

1. 函数依赖

函数依赖的定义如下：

设 R（U）是属性集 U 上的关系模式。X，Y 是 U 的子集。若对于R（U）的任意一个可能的关系 r，r 中不可能存在两个元组在 X 上的属性值相等，而在 Y 上的属性值不等，则称 X 函数确定 Y 或 Y 函数依赖于 X，记作 $X \to Y$。

若 $X \to Y$，但 $Y \subseteq X$，则称 $X \to Y$ 是平凡函数依赖，

若 $X \to Y$，但 $Y \not\subseteq X$，则称 $X \to Y$ 是非平凡的函数依赖，

若 $X \to Y$，且对于 X 的任何一个真子集 X'，都有 $X' \nrightarrow Y$，则称 Y 对 X 完全函数依赖，记作：$X \xrightarrow{F} Y$，

若 $X \to Y$，但 Y 不完全函数依赖于 X，则称 Y 对 X 部分函数依赖，记作：$X \xrightarrow{p} Y$，

若 $X \to Y$，$(Y \nsubseteq X)$，$Y \nrightarrow X$，$Y \to Z$，$Z \nrightarrow Y$，则称 Z 对 X 传递函数依赖，记作：$X \xrightarrow{\text{传递}} Z$。

2. 范式

关系是要满足一定要求的，满足不同程度要求的为不同范式。关系 R 为第几范式，记作 $R \in xNF$。满足最低要求的叫第一范式，简称 1NF。在第一范式中满足进一步要求的为第二范式，其余以此类推。范式是符合某一级别的关系模式的集合，各种范式之间的联系为

$$5NF \subset 4NF \subset BCNF \subset 3NF \subset 2NF \subset 1NF$$

一个低一级范式的关系模式，通过模式分解可以转换为若干个高一级范式的关系模式的集合，这种过程就叫规范化。

(1) 第一范式（1NF）：若一个关系模式 R 的所有属性都是不可分的，则 $R \in 1NF$。

(2) 第二范式（2NF）：若关系模式 $R \in 1NF$，且每一个非主属性都完全函数依赖于 R 的码，则 $R \in 2NF$。

**【例 3.16】** 关系模式 S-L-C（sno，sdept，saddr，cno，cgrade）

假设每个系的学生住在同一个地方。S-L-C 的码为（sno，cno）。函数依赖有：

$$(sno, cno) \xrightarrow{F} cgrade$$

$$sno \to sdept, (sno, cno) \xrightarrow{p} sdept$$

$$sno \to saddr, (sno, cno) \xrightarrow{p} saddr$$

$$sdept \to saddr$$

由于非主属性 sdept，saddr 部分函数依赖于码，所以关系模式 S-L-C $\notin$ 2NF。

若一个关系模式不是 2NF，会存在以下问题：

1) 插入异常。若要插入一个学生 sno='rj006'，sdept='软件'，saddr='安阳'，但该生还没有选课，无 cno，这样的元组就无法插入 S-L-C。因为码值一

部分为空。

2）删除异常。若某个学生选了一门课，要删除某个学生的选课信息，cno要删除，而cno是主属性，删除了cno，整个元组就删除了，学生的sno等基本信息也被删除。

3）修改异常。某个学生从“水利”学院转到了“电力”学院，本来只需要修改sdept，但因为转院系后住处也要改变，所以还需要修改saddr。

4）数据冗余大。通常一个学生选修n门课，那么，sdept，saddr要重复存储n次。

那么，需要对关系模式S-L-C分解，分解成两个关系模式：

SC（sno，cno，cgrade），SL（sno，sdept，saddr）

SC的码是（sno，cno），S-L的码是sno，取消了非主属性对码的部分函数依赖，所以SC∈2NF，SL∈2NF。

（3）第三范式（3NF）：关系R中不存在非主属性对码的传递函数依赖。

**【例3.17】** 关系模式SL（sno，sdept，saddr）。

函数依赖有：

sno→sdept，sno→saddr，sdept→saddr

则可以得到sno $\xrightarrow{\text{传递}}$ saddr，存在非主属性对码的传递函数依赖，所以SL∉3NF。

若一个关系模式不是3NF，会存在以下问题：

1）插入异常。若要插入一个学生sno='rj007'，但没分配院系，则saddr就没有值，表示没有给该学生分配住处。

2）删除异常。若一个院系的学生都毕业了，则该院系的学生信息都要删除，sdept也被删除，院系也就不存在了。

3）修改异常。若一个学生转院系，本来只需要修改sdept，但因为转院系后住处也要改变，所以还需要修改saddr。

4）数据冗余大。sdept，saddr要重复存储，有多少个学生，就重复存储多少次。

解决的方法是对SL进行分解，分解为：

```
SD(sno,sdept),DA(sdept,saddr)
```

分解之后不存在非主属性对码的传递函数依赖，为3NF。

（4）BCNF：关系模式R<U，F>∈1NF，若x→y，且$y \nsubseteq x$时x必含有候选码，那么R∈BCNF。若R∈BCNF，则排除了任何属性对码的部分函数依赖和传递函数依赖。

（5）多值依赖与第四范式（4NF）：设R（U）是属性集U上的一个关系

模式，X，Y，Z是U的子集，并且Z＝U－X－Y。关系模式R（U）中多值依赖X→→Y成立，当且仅当对R（U）的任意关系r，给定的一对（x，z）值，有一组Y的值，这组值仅仅决定于x值而与z值无关。

X→→Y而Z＝∅，称为平凡多值依赖。

X→→Y而Z≠∅，称为非平凡的多值依赖。

4NF：关系模式R（U，F）∈1NF，如果对于R的每个非平凡多值依赖x→→y（y⊈x），x都含有候选码，则R∈4NF。

规范化的基本思想是逐步消除数据依赖中不合适的部分，使模式中的各关系模式达到某种程度的“分离”，即“一事一地”的模式设计原则。让一个关系描述一个概念、一个实体活着实体间的一种联系。若多于一个概念就把它“分离”出去。因此规范化的过程实质上是概念单一化的过程。

规范化过程归纳总结如下：

1NF
↓ 消除非主属性对码的部分函数依赖
2NF
↓ 消除非主属性对码的传递函数依赖
3NF
↓ 消除主属性对码的部分和传递函数依赖
BCNF
↓ 消除非平凡且非函数依赖的多值依赖
4NF

# 第4章 视图、索引与数据独立性

视图是一种数据库对象。基本表是从数据库设计人员的角度设计的，并不一定符合DBA和用户的需求。视图是从一个或几个基本表（或视图）导出的表，它与基本表不同，是一个虚表。数据库中只存放视图的定义，而不存放视图对应的数据，这些数据仍存放在原来的基本表中。所以基本表的数据发生变化，从视图中查询出的数据也就随之发生变化。

从这个意义上讲，视图就像一个窗口，为DBA和用户提供了一种检索表中数据的方式，通过视图可以查看基本表中自己感兴趣的数据。使用视图可以集中、简化和定制用户的数据库操作，用户可以通过视图来访问数据，而不必直接访问基本表，从某种程度上保证了数据的安全性。

另外，为了提高查询数据的速度，SQL Server提供了索引技术，合理使用索引能提高查询性能。

## 4.1 应用技术

### 4.1.1 视图

与表类似，视图也是由字段和记录组成，只是这些字段和记录来源于其他被引用的表或视图，是在视图被引用时动态生成的，所以视图并不是真实存在的，而是一张虚拟的表。

视图一经定义，就可以和基本表一样被查询、被删除，也可以在一个视图之上再定义新的视图，但对视图的更新（通过视图对基本表中的数据进行增、删、改）操作有一定的限制。

1. 创建视图

SQL Server 2005提供了三种创建视图的方法：使用SQL Server Management Studio、模板和T-SQL语句。

（1）SQL Server Management Studio。展开数据库节点→某一数据库→右击视图→新建视图→添加表或视图（也可在关系图窗格设置）→条件窗格设置条件→在“SQL窗格”查看对应的SQL语句→点击“执行SQL”按钮，查看执行结果。

（2）模板。单击“视图”菜单→模板资源管理器（或单击在标准工具栏上的“模板资源管理器”按钮）→SQL Server Management Studio 右侧，出现模板资源管理器→展开 View 节点→双击模板 Create View→单击“SQL 编辑器”工具条上“指定模板参数的值”按钮→“指定模板参数的值”对话框，设置参数→确定→单击“分析”按钮分析代码的语法结构→单击“执行”按钮执行脚本。

参数说明：database_name：视图归属的数据库名；schema_name：模式名；view_name：视图名；select_statement：查询语句块。

（3）使用 T-SQL 语句。语法格式为：

```
CREATE VIEW view_name [(<column_name>)[, …n])]
[WITH ENCRYPTION]
AS
select_statement
[WITH CHECK OPTION]
```

参数说明：

1）列名<column_name>要么全部省略要么全部指定，没有第三种选择。若列名省略，则隐含视图中的列名由 select 子句中的列名相同；当视图的列名为表达式或内部函数的计算结果时，或者需要为某个列指定新的列名时，必须指定组成视图的所有列名。

2）WITH ENCRYPTION 对视图进行加密。

3）WITH CHECK OPTION 表示对视图进行 INSERT、UPDATE 和 DELETE 操作时要保证插入、修改或删除的行必须符合在 select_ statement 中设置的条件。

**【例 4.1】** 建立软件学院学生的视图。

```
USE stud_course
GO
CREATE VIEW rj_stud
AS
SELECT  sno, sname, sgender sage, saddr, stel
FROM student
WHERE sdept='软件'
```

**★提示：** 视图 rj_stud 的列名省略，则由查询块中 SELECT 子句中的列名组成。

视图创建成功后，可通过该视图查询数据：

```
SELECT * FROM rj_stud
```

通过改视图，只能查询到软件学院学生的基本信息，其他院系的看不到，从一定程度上保证了数据库中数据的安全性。

**【例 4.2】** 创建查看选了课的学生学号及对应平均分的视图。

```
USE stud_course
GO
CREATE VIEW stud_grade (sno，avg_grade)
AS
SELECT sno，avg (cgrade)
FROM sc
GROUP BY sno
```

**★提示：** 视图 stud_grade 的列名不能省略，必须明确指定。

1）若在查询块中使用了表达式或 AVG、SUM 等聚集函数，必须为视图指明列名。

2）若在查询块中使用了 AVG、SUM 等聚集函数，则必须使用 GROUP BY 子句。

**【例 4.3】** 创建一个加密视图，内容与［例 4.2］相同。

```
USE stud_course
GO
CREATE VIEW stud_grade (sno，avg_grade)
AS
WITH ENCRYPTION                         --为视图加密
SELECT sno，avg (cgrade)
FROM sc
GROUP BY sno
```

**【例 4.4】** 建立软件学院学生视图，并要求通过该视图进行增、删、改操作时仍需保证只能对软件学院的学生进行操作。

```
CREATE VIEW rj_stud
AS
SELECT sno，sname，sgender sage，saddr，stel
FROM student
WHERE sdept='软件'
WITH CHECK OPTION
```

**★提示：**

1）定义视图时使用了 WITH CHECK OPTION 子句，以后对该视图进行增、删、改操作时，RDBMS 会自动加上 sdept='软件'的条件。

2）视图不仅可以基于表创建，也可以基于视图创建。

**【例 4.5】** 建立软件学院女生视图。

```
CREATE VIEW rj_female_stud
AS
SELECT *
FROM rj_stud                                    --基于视图创建视图
WHERE sgender='女'
```

**★创建视图的注意事项：**

1）视图名称必须遵循标识符的命名规则。

2）不能将规则或 DEFAULT 定义与视图相关联。

3）在用 create view 创建视图时，select 子句里不能包括以下内容：

- 不能包括 compute、compute by 子句；
- 不能包括 order by 子句，除非在 select 子句里有 top 子句；
- 不能包括 option 子句；
- 不能包括 into 关键字；
- 不能引用临时表或表变量。

2. 查看视图

（1）SQL Server Management Studio。查看视图的定义文本：展开某一数据库→视图→右击要查看的视图→编写视图脚本为→CREATE 到→新查询编辑器窗口。

查看通过视图查询到的结果：展开某一数据库→视图→右击要查看的视图→打开视图。

（2）通过系统存储过程查看视图，常用的如表 4.1 所示。

**表 4.1　　常用的查看视图信息的系统存储过程**

| 系统存储过程 | 说　明 |
|---|---|
| sp_helptext | 查看视图（未加密的）的定义文本 |
| sp_help | 查看视图的详细信息 |
| sp_depends | 查看视图所依赖的对象 |

以 sp_helptext 为例，语法格式为：

```
EXEC sp_helptext'[dbo.] view_name'
```

3. 修改视图

对于加密视图，在 SQL Server Management Studio 中也不能对其进行修改，可使用 alter view 语句修改加密视图。

因为使用 alter view 语句修改视图和使用 SQL Server Management Studio 修改视图不同，它不需要显示视图的定义文本。语法格式为：

```
ALTER VIEW view_name [(<column_name>[,…n])]
[WITH ENCRYPTION]
AS
select_statement
[WITH CHECK OPTION]
```

**【例 4.6】** 修改视图 rj_stud，查询学生的全部信息并对其加密。

```
ALTER VIEW rj_stud
WITH ENCRYPTION
AS
SELECT *
FROM student
WHERE sdept='软件'
WITH CHECK OPTION
```

4. 删除视图

在 T-SQL 语言里，用 drop view 语句可以删除视图，其语法结构为：

```
DROP VIEW [schema_name.]view_name [...,n][;]
```

**【例 4.7】** 删除视图 stud_grade。

```
USE stud_course
GO
DROP VIEW stud_grade
```

**★提示：** 删除视图，注意事项：

由于视图是基于视图或基本表创建，若基本表（或视图）被删除，由该基本表（或视图）导出的所有视图没有被删除，但已失效，可通过 DROP VIEW 显式删除。

**【例 4.8】** 删除视图 rj_stud。

```
DROP VIEW rj_stud
```

则由 rj_stud 导出的视图 rj_female_stud 已无法使用。

5. 重命名视图

可使用存储过程“sp_rename”来修改视图名，语法格式为：

```
EXEC sp_rename'view_oldname', 'view_newname'
```

6. 查询视图

视图定义后，DBA 和用户就可以向对基本表一样对视图进行查询。

【例 4.9】　在软件学院视图中查询年龄小于 18 岁的学生。

```
SELECT sno,sname,sage
FROM rj_stud
WHERE sage<18
```

**★提示：** 通过视图查询数据时，RDBMS 的执行流程：

（1）首先 RDBMS 进行有效性检查。检查查询中涉及的表、视图等是否存在。

（2）若存在，从数据字典取出视图的定义，把视图定义和用户的查询结合起来，转换为等价的对基本表的查询。

（3）然后再执行修正了的查询。

这一转换过程称为视图消解。

以［例 4.9］为例，转换后的查询语句为：

```
SELECT sno, sname, sage
FROM student
WHERE sdept='软件' AND sage<18
```

该过程由 RDBMS 自动转换，读者只需了解即可。

7. 通过视图进行增、删、改操作

更新视图是指通过视图来插入（INSERT）、删除（DELETE）和修改（UPDATE）数据。由于视图是不实际存储数据的虚表，因此对视图的更新，最终要转换为对基本表的更新。

如果要防止用户通过视图对数据进行增加、修改和删除时，有意无意地对不属于视图范围内的基本表数据进行操作，可在视图定义时加上 WITH CHECK OPTION 子句。这样在视图上进行增加、修改、删除操作时，RDBMS 会检查视图定义中的条件，若不满足条件，则拒绝执行该操作。

【例 4.10】　向视图 rj_stud 中插入一个新的学生记录。

代码如下：

```
USE stud_course
GO
INSERT
INTO rj_stud
VALUES ('201318908', '岳同书', '男', 20, '电力', '周口', '12345678901')    --不是软件学院
```

记录插入失败，提示信息如图 4.1 所示。

```
消息
消息 550，级别 16，状态 1，第 1 行
试图进行的插入或更新已失败，原因是目标视图或者目标视图所跨越的某一视图指定了 WITH CHECK OPTION，而该操作的一个或多个结果行又不符合 CHECK OI
语句已终止。
```

图 4.1　通过视图插入数据失败

在视图 rj_stud 的定义中，使用了 WITH CHECK OPTION 选项，则要求通过该视图进行插入操作时，插入的记录必须满足视图定义中的条件 sdept='软件'。修改方法：

```
USE stud_course
GO
INSERT
INTO rj_stud
VALUES ('201318908', '岳同书', '男', 20, '软件', '周口', '12345678901')
```

若修改为如下代码：

```
USE stud_course
GO
INSERT
INTO rj_stud
VALUES ('201318908', '岳同书', '男', 20, '软件')
```

只给部分字段赋值，则插入操作还是失败，提示如图 4.2 所示。

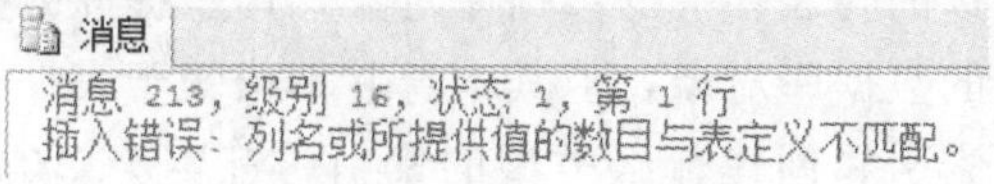

消息

消息 213，级别 16，状态 1，第 1 行
插入错误：列名或所提供值的数目与表定义不匹配。

图 4.2 通过视图对部分字段赋值失败

修改和删除操作与插入操作类似。

**【例 4.11】** 删除 rj_studs 视图中学号为 201318905 的记录。

```
DELETE
FROM rj_stud
WHERE sno='201318905'
```

8. 视图的优、缺点

(1) 视图的优点。

1) 增加数据的安全性和保密性。针对不同的用户，可以创建不同的视图，此时的用户只能查看和修改其所能看到的视图中的数据，而真正的数据表中的数据甚至连数据表都是不可见不可访问的，这样可以限制用户浏览和操作的数据内容。

2) 简化 DBA 和用户的操作。为复杂的查询建立一个视图，用户不必输入复杂的查询语句，只需针对此视图做简单查询即可。

3) 增加可读性。由于在视图中可以只显示有用的字段，并且可以使用字段别名，能方便用户浏览查询的结果。

4）方便程序的维护。如果用应用程序使用视图来存取数据，那么当数据表的结构发生改变时（如增加了新的字段），只需要更改视图定义中的查询语句（有时视图定义也不用改），用户的应用程序不受影响。

5）适当的利用视图可以更清晰地表达查询。

（2）视图的缺点。

当通过视图对数据进行更新（插入、修改、删除）操作时，实际上是对基本表的数据进行更新。然而通过有些视图是不能更新数据的，这些视图有如下特征：

1）有 UNION 等集合操作符的视图。

2）有 GROUP BY 子句的视图。

3）有 AVG、SUM 或 MAX 等函数的视图。

4）使用 DISTINCT 短语的视图。

5）基于多个表创建的视图（其中有一些例外）。

### 4.1.2　索引的创建、修改与删除

1. 基本概念

索引是一种可选的与表相关的数据库对象，用于提高数据的查询效率。索引是建立在表列上的数据库对象，但其本身并不依赖于表。在一个表上是否创建索引、创建多少索引和创建什么类型的索引，都不会影响对表的使用方式，而只是影响对表中数据的查询效率。

引入索引的目的是为了提高对表中数据的查询速度。如果一个表没有创建索引，则对该表进行查询时需要进行全表扫描；如果对表创建了索引，在有条件查询时，系统先对索引表进行查询，利用索引表快速找到要查询的记录在基本表中的位置，然后到相应位置提取数据。

利用索引表之所以能够提高查询效率，是因为在索引表中保存了索引值及其相应记录物理地址，即 ROWID，并且按照索引值进行排序。在查询数据时，系统根据查询条件中的索引值信息，利用特定的排序算法（因为按索引值有序排列，所以可以采用快速查找、二分查找等）在索引表中可以很快查询到相应的索引值及其对应 ROWID，再根据 ROWID 可以在数据表中很快查询到符合条件的记录。

索引表中的数据不必由用户来维护，如果跟索引相关表中的索引关键字字段值发生了改变（表中的数据改变了），SQL Server 服务器会自动维护相关索引值的改变（先排序再存储）。

2. 索引的原理

来看一个索引原理的示例，如图 4.3 所示。

图 4.3 中，右侧为基本表，在 LAST_NAME 属性列上建索引，左侧为对

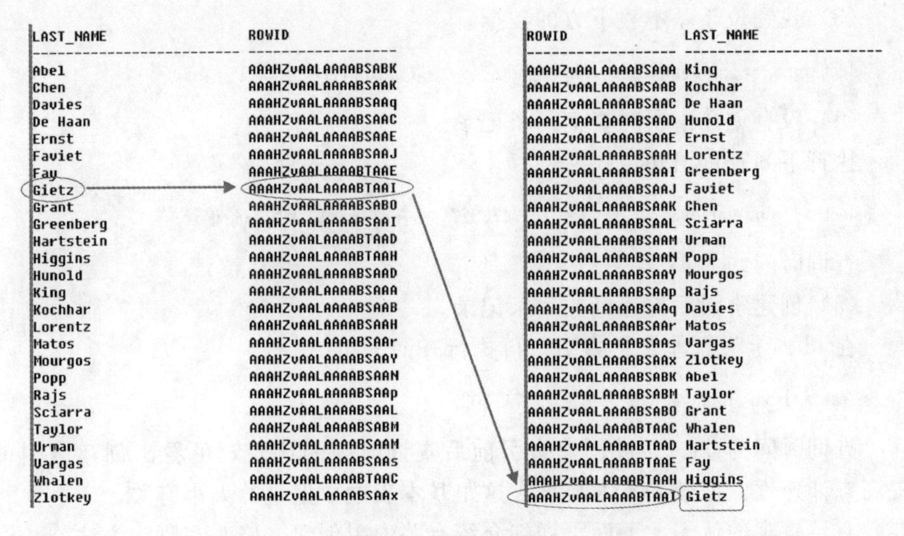


图 4.3　索引示例

应的索引表。索引表中 LAST_NAME 列数据有序，另外，索引中数据除了关键字列外，还有 ROWID 列，ROWID 对应表中每条记录的唯一存储位置，如果知道了一行记录的 ROWID，无疑通过 ROWID 是最快查找到记录的方法。

如果没有索引，则查找记录的策略是“全表扫描”，也就是按照表中记录的存储顺序，一条一条记录进行查询，最差的情况就是该条记录存储在表的最后，那就要查找完表的所有记录才能找到需要的数据。如果建立了索引，就会加快查询的速度。注意图中箭头的指向。

系统会自动判断与本次查询相关的条件列是否有索引存在，如果创建了索引，则先到索引中查询满足条件（where LAST_NAME='Gietz'）的索引记录。而对于有序数据的查询，可以使用各种排序算法，在有序序列中快速找到索引记录，然后通过 ROWID 可直接到基本表中取记录，最终提高了查询速度。

3. 验证索引的效果

把 SQL Server 2000 数据库管理系统 pubs 数据库 employee 表导入 SQL Server 2005 stud_course 数据库中，并在表中添加一列 id。

（1）准备数据。

```
insert into employee
select * from employee      --多次执行该语句，数据量达到 200 万以上
```

（2）添加列。

```
update employee
set id=checksum (newid ())    --往 id 列插入随机数
```

(3) 找到位于基本表下方的数据。

```
select top 5 * from employee order by id desc  --取最id值最大的5条记录
```

(4) 没有创建索引时查询一条记录。

执行下列查询语句:

```
select * from employee where id= 2147473027  --查询id号较大的一条记录
```

查询时间约为1s。

(5) 创建索引后再查询同一条记录。

在id列上设置非聚集索引，再执行查询语句:

```
select * from employee where id= 2147473027
```

查询时间为0s。通过创建索引前后查询时间的比较，可看出创建索引能提高查询速度。但效果不太显著，这跟基本表中数据量的大小有关。

有了直观的认识，下面再详细介绍有关索引创建、修改和删除方法。

4. 索引的类型

从索引表数据的物理顺序与表中数据行的物理存储顺序是否相同的角度出发，索引分为聚集索引（Clustered Indexes）和非聚集索引（NonClustered Indexes）。

(1) 聚集索引。若对一基本表建立了聚集索引，其索引页中就包含着建立索引列的值（下称索引键值），那么表中的记录将按照该索引键值的顺序进行重新排序。比如，如果在“姓名”这一字段上建立了聚集索引，则表中的记录将按照姓名进行排列；如果建立了聚集索引的列是数值类型的，那么记录将按照该键值的数值大小来进行排列。

聚集索引的工作原理，如图4.4所示。

数据页就是数据库里实际存储数据的地方。

假设DBA在"LastName" 这一列上创建了聚集索引，那么数据就按照这一列的顺序排列。可以看到，索引是一棵树，首先先看一下这棵树是怎么形成的。

先看Page100和Page110的最上面，由它们形成了Page141。Page141的第一条数据是Page100的第一条数据，Page141的最后一条数据是Page110的第一条数据。同理由Page120和Page130形成Page145，然后Page141和Page145形成根Page140。

那么通过索引是如何查找数据的，查找思想类似于二分查找。

假如要查找“Rudd”这个姓氏，查找过程为:

首先它会从根即Page140开始找，因为“Rudd”的值比“Martin”大（只要比较一下它们的首字母就知道了，按26个字母顺序R排在M的后面），

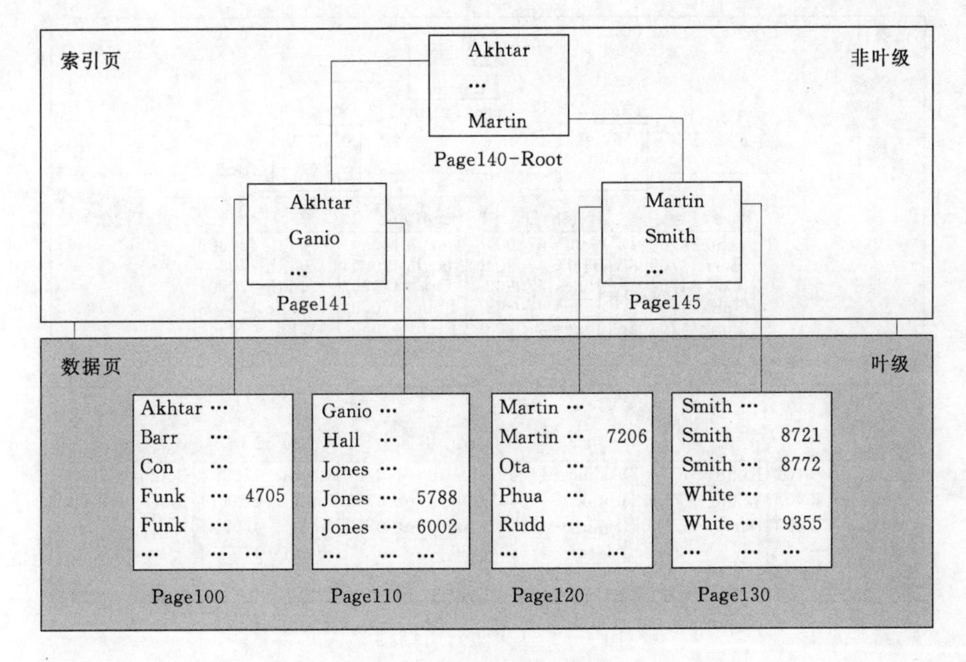


图 4.4 聚集索引结构图

所以会往“Martin”的后面找，即找到 Page145，然后在比较一下“Rudd”和“Smith”，“Rudd”比“Smith”小，所以会往左边找即 Page120，然后在 Page120 逐行扫描下来直到找到“Rudd”。

如果不建索引，SQL Server 会从第一页开始按顺序每页逐行扫描，直到找到“Rudd”。显然如果对于一个百万行的表来说，效率是极低的，若建了索引，就能迅速找到。

(2) 非聚集索引。非聚集索引用于指定数据的逻辑顺序，也就是说，表中的数据并没有按照索引键值指定的顺序排列，而仍然按照插入记录时的顺序存放。其索引页中包含着索引键值和它所指向该行记录在数据页中的物理位置，叫做行定位符（RID：RowID）。好似书后面的索引表，索引表中的顺序与实际的页码顺序也是不一致的。而且一本书也许有多个索引。比如主题索引和作者索引。

SQL Server 2005 在默认的情况下建立的索引是非聚集索引，由于非聚集索引不对表中的数据进行重组，而只是存储索引键值并用一个指针指向数据所在的页面。一个表可以建立多个非聚集索引，每个非聚集索引提供访问数据的不同排序顺序。

非聚集索引的工作原理如图 4.5 所示。

聚集索引和非聚集索引的区别就是：聚集索引的数据物理存储顺序和索引

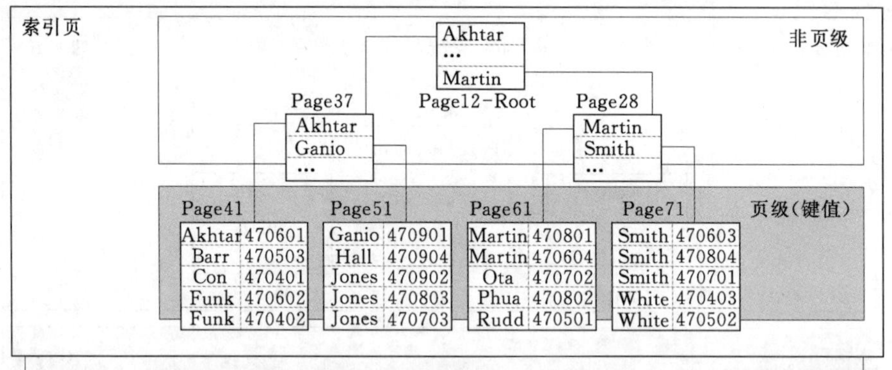


图 4.5 非聚集索引结构图

顺序一致，即它的数据就是按顺序排列下来的。非聚集索引的数据存储是无序的，不按索引顺序排列。

从图 4.5 可以看到数据页里数据是无序的。那么它的索引是如何建立的呢？先把这个索引列的数据复制一份然后按顺序排列，再建立索引。每行数据都有一个指针。

同样来查找“Rudd”。首先从索引页的根开始找，查找原理跟聚集索引是一样的。在索引页的 Page61 找到“Rudd”，它的指针是 470501，然后在数据页的 Page5 找到 470501，这个位置就是“Rudd”在数据库中的实际位置，这样就找到了“Rudd”。

当表中有 PRIMARY KEY 约束或 UNIQUE 约束时，SQL Server 会自动在列上创建索引。

5. 创建索引

(1) SQL Server Management Studio。展开某一数据库节点→展开某一个表→右击索引→新建索引→设置索引名称、选择索引类型、是否唯一→点击“添加”按钮→选择创建索引的列→确定。

(2) 使用 T-SQL 语句。语法结构为：

```
CREATE [UNIQUE] [CLUSTERED | NONCLUSTERED] INDEX index_name
ON {table_name|view_name} (column [ASC|DESC] [,…n])
[WITH index_property [, …n]]
```

参数说明：

- UNIQUE：建立唯一索引（不允许两行具有相同的索引值）。
- CLUSTERED：建立聚集索引。
- NONCLUSTERED：建立非聚集索引。
- index_name：索引名称。
- table_name：索引所在的表名，view_name：索引所在的视图名。
- column：创建索引所基于的列（若创建的索引基于多个列，称为复合索引）。ASC | DESC 指定索引列的排序规则，ASC 是升序，DESC 是降序，默认按升序排序。
- index_property：索引属性。例如 FILLFACTOR 为填充因子；DROP_EXISTING 表示删除并创建已存在的索引，指定的索引名必须与现有的索引名相同。

**【例 4.12】** 在 course 表 cname 列创建上创建一个非聚集、唯一索引。

```
USE stud_course
GO
CREATE UNIQUE NONCLUSTERED INDEX IX_cname
ON course（cname）
GO
```

索引可以同时创建在多列上。

**【例 4.13】** 在 course 表 cno 和 cname 列上创建一个复合索引。

```
CREATE INDEX IX_cno_cname
ON course（cno，cname）
```

**★提示：**

- 若不指明 CLUSTERED 选项，则 SQL Server 默认创建的是非聚集索引。
- 聚集索引和非聚集索引均可以是唯一的。只要列中的数据是唯一的，就可以在同一个表上创建一个唯一的聚集索引和多个唯一的非聚集索引。
- 在建立 UNIQUE 索引的表中执行 INSERT 或 UPDATE 语句时，系统将自动检验新的数据是否存在重复值。若存在，则在第一个重复值处取消操作，并返回错误提示信息。
- 若创建 UNIQUE 索引时表中已有数据，则系统会自己检查表中数据是否存在重复值，若存在，则 UNIQUE 索引无法创建。

（3）使用模板创建索引。在 SQL Server 2005 中还可以使用系统提供的模板创建索引，创建方法与视图类似，在此不再叙述。

6. 查看索引

使用系统存储过程可查看指定表的索引信息。语法格式为：

```
EXEC sp_helpindex table_name
```

**【例4.14】** 查看course表上的索引信息。

```
EXEC sp_helpindex course
GO
```

7. 重命名索引

使用系统存储过程sp_rename重命名索引。语法格式为：

```
EXEC sp_rename'table_name. old_index_name', 'new_index_name'
```

**【例4.15】** 使用系统存储过程sp_rename把course表上的索引IX_cname重命名为IX_coursename。

```
EXEC sp_rename 'course. IX_cname', 'IX_coursename'
GO
```

8. 删除索引

使用索引不但耗费磁盘空间，而且在修改表中记录时增加服务器维护索引的时间。并且创建索引能否提高查询速度也要视情况而定，比如，当表中数据量很小时，创建索引不仅耗费了存储空间，也没能提高查询速度。所以，当不再需要某个索引时，应该把它从数据库中删除，这样，既可以提高服务器效率，又可以回收被索引占用的存储空间。

对于通过设置PRIMARY KEY约束或者UNIQUE约束创建的索引，可以通过删除约束的方法来删除索引。对于用户自己创建的约束，可以在对象资源管理器中删除，也可以使用T-SQL语句删除。

使用DROP INDEX语句可删除表中的索引，语法格式为：

```
DROP INDEX table_name. index. name[, … n]
```

**【例4.16】** 删除course表中的IX_cno_cname索引。

```
DROP INDEX course. IX_cno_cname
```

9. 索引的分析和维护

索引创建之后，由于对数据的增、删、改等操作会使索引页发生碎块，因此DBA必须对索引进行分析和维护。

(1) 索引的分析。SQL Server提供了多种分析索引和查询性能的方法，常用的有SHOWPLAN和STATISTICS IO语句。

1）SHOWPLAN：用来显示查询语句的执行信息，包含查询过程中连接表时所采取的每个步骤以及选择哪个索引。其语法格式为：

```
SET SHOWPLAN_ALL{ON|OFF}和 SET SHOWPLAN_TEXT{ON|OFF}
```

其中，ON为显示查询执行信息，OFF为不显示（默认）。

**【例4.17】** 在stud_course库的student表上查询所有男生的姓名和年龄，并显示查询处理过程。

代码如下：

```
SET SHOWPLAN_ALL ON
GO
SELECT sname，sage
FROM student
WHERE sgender='男'
GO
```

运行之后，在结果窗格会看到相应的处理过程，如图4.6所示，第二行为有索引信息。

结果 消息

| | StmtText | StmtId | Nod... | Parent | PhysicalOp | LogicalOp | Argument | DefinedValues | EstimateRows | EstimateIO | EstimateCPU |
|---|---|---|---|---|---|---|---|---|---|---|---|
| 1 | SELECT sname,sage ... | 1 | 1 | 0 | NULL | NULL | 1 | NULL | 10 | NULL | NULL |
| 2 | \|-Clustered Index Sc... | 1 | 2 | 1 | Clustered Index Scan | Clustered Index Scan | OBJECT:([stud_course... | [stud_course].[dbo].[stu... | 10 | 0.003125 | 0.000168 |

图4.6 使用SHOWPLAN查看索引信息

2）STATISTICS IO：用来显示执行数据检索语句所花费的磁盘活动量信息，可以利用这些信息来确定是否重新设计索引。语法格式为：

```
SET STATISTICS IO {ON|OFF}
```

其中，ON为显示统计信息，OFF为不显示（默认）。

**【例4.18】** 在stud_course库的student表上查询所有男生的姓名和年龄，并显示查询处理过程中的磁盘活动统计信息。代码如下：

```
SET SHOWPLAN_ALL OFF
GO
SET STATISTICS IO ON
GO
SELECT sname，sage
FROM student
WHERE sgender='男'
GO
```

运行代码，消息框显示如图4.7所示。

```
结果 | 消息
(1 行受影响)

(6 行受影响)
表 'student'。扫描计数 1，逻辑读取 2 次，物理读取 0 次，预读 0 次，lob 逻辑读取 0 次，lob 物理读取 0 次，lob 预读 0 次。
```

图 4.7　使用 STATISTICS IO 查看磁盘活动量

(2) 索引的维护。SQL Server 2005 提供了多种维护索引的方法，常用的有 DBCC SHOWCONTIG 和 DBCC INDEXDEFRAG 语句。

1) DBCC SHOWCONTIG：该语句用来显示指定表的数据和索引的碎片信息。当对表进行大量的修改或添加数据之后，应该执行此语句来查看有无碎片。语法格式为：

```
DBCC SHOWCONTIG
[({table_name|table_id|view_name|view_id} [,index_name|index_id])]
```

参数说明：

- table_name|table_id|view_name|view_id

是要检查碎片信息的表或视图。如果未指定，则检查当前数据库中的所有表和索引视图。若要获得表或视图 ID，请使用 OBJECT_ID 函数。

- index_name|index_id

是要检查碎片信息的索引。如果未指定，则该语句将处理指定表或视图的基本索引。若要获取索引 ID，请使用 sys.indexes 目录视图。

**【例 4.19】** 查看 student 表的碎片情况。

```
DBCC SHOWCONTIG (student)
```

若要使用表 ID，则输入如下代码：

```
DECLARE @table_id int
SET @table_id=object_id ('student')
DBCC SHOWCONTIG (@table_id)
GO
```

执行结果均为：

```
DBCC SHOWCONTIG 正在扫描'student' 表…
表：'student' (210099789)；索引 ID：1，数据库 ID：11
已执行 TABLE 级别的扫描。
-扫描页数……………………………………………..：1
-扫描扩展盘区数…………………………………..：1
-扩展盘区开关数…………………………………..：0
-每个扩展盘区上的平均页数……………………………：1.0
-扫描密度 [最佳值：实际值] ………………………………..：100.00% [1：1]
```

```
一逻辑扫描碎片…………………………………………………………：0.00%
一扩展盘区扫描碎片……………………………………………………..：0.00%
一每页上的平均可用字节数………………………………………………..：7836.0
一平均页密度（完整）…………………………………………………：3.19%
DBCC 执行完毕。如果 DBCC 输出了错误信息，请与系统管理员联系。
```

在显示结果中，重点是看扫描密度，其理想值为 100%，如果小于这个值，表示表上有碎片。

如果表中有索引碎片，可以使用 DBCC INDEXDEFRAG 对碎片进行整理。

2）DBCC INDEXDEFRAG。该语句用来整理指定的表或视图的聚集索引和辅助索引的碎片。语法格式为：

```
DBCC INDEXDEFRAG
({database_name|database_id|0}
,{table_name|table_id|'view_name'|view_id}
,{index_name|index_id}
)
```

其中：

- database_name|database_id|0

是对其索引进行碎片整理的数据库。数据库名称必须符合标识符的规则。有关更多信息，请参见使用标识符。如果指定 0，则使用当前数据库。

- table_name|table_id|'view_name'|view_id

是对其索引进行碎片整理的表或视图。表名和视图名称必须符合标识符规则。

- index_name|index_id

是要进行碎片整理的索引。索引名必须符合标识符的规则。

**【例 4.20】** 整理 student 表 IX_sname 索引上的碎片。代码如下：

```
DBCC INDEXDEFRAG (stud_course, student, IX_sname)
```

10. 索引的优、缺点

使用索引的主要目的是提高 SQL Server 系统的性能，加快数据的查询速度和减少系统的响应时间。尤其是在海量数据的情况下，如果合理的建立了索引，则会大大加强 SQL Server 执行查询、对结果进行排序、分组的操作效率。

索引除了可以提高查询表内数据的速度之外，还可以使表和表之间的连接速度加快，特别是在实现数据的参照完整性时可以在表的外键上创建索引。

★虽然索引具有如此之多的优点，但索引的存在也让系统付出一定的代价。

（1）建立索引，系统要占用大约为表的1.2倍的硬盘和内存空间来保存索引。

（2）更新数据的时候，系统必须要有额外的时间来同时对索引进行更新，以维持数据和索引的一致性。

实践表明，不恰当的索引不但于事无补，反而会降低系统性能。因为大量的索引在进行插入、修改和删除操作时比没有索引花费更多的系统时间。

因此在创建索引时，哪些列适合创建索引，哪些列不适合创建索引，需要考察分析。

★通常情况下，适合创建索引的列有：

（1）定义有主键的列一定要创建索引。因为主键可以加速定位到表中的某一行。

（2）定义有外键的列可以创建索引。外键列通常用与表与表之间的连接，在其上创建索引可以加速表间的连接。

（3）在经常查询的数据列最好创建索引。

★不适合创建索引的列有：

（1）对于那些查询中很少涉及的列、重复值比较多的列不要建索引。因为在这些列上创建索引并不能显著提高查询速度。

（2）对于定义为text、image和bit数据类型的列上不要建立索引。因为这些类型的数据列的数据量要么很大，要么很小，不利于使用索引。

## 4.2 相关原理

### 4.2.1 视图在数据库安全性方面的作用

进行存取权限控制时，可以为不同的用户定义不同的视图，把数据对象限制在一定范围内，即通过视图机制把要保密的数据对无权存取的用户隐藏起来。从而自动对数据提供一定程度的安全保护。

视图机制间接地实现了支持存取谓词的用户权限定义，但视图机制更主要的功能在于提供数据独立性，其安全保护功能往往远不能达到应用系统的要求，因此，在实际应用中通常是视图机制与授权机制配合使用，首先用视图机制屏蔽掉一部分保密数据，然后在视图上面进一步定义存取权限。

**【例4.21】** 建立水利学院学生视图，把对该视图的SELECT权限授予任课教师张华，把对该视图的所有操作权限授予院长高一飞。

```
CREATE VIEW sl_stud
AS
```

```
SELECT *
FROM student
WHERE sdept='水利'

GRANT SELECT
ON sl_stud
TO 张华

GRANT ALL PRIVILEGES
ON sl_stud
TO 高一飞
```

### 4.2.2 数据库系统模式

数据独立性包括数据的逻辑独立性和数据的物理独立性。本章的视图和索引其主要功能就是提高数据的独立性，其中视图保证了数据的逻辑独立性，索引保证了数据的物理独立性。在了解此知识点之前，需首先了解一些基本概念，然后介绍数据库的三级模式与二级映像。

1. 逻辑数据和物理数据

数据库是一个共享的数据集合，集合中的数据彼此之间相互联系，以满足不同用户的需求。数据库中的数据分为逻辑数据和物理数据。

逻辑数据：是指用户或程序员所操作的数据。在逻辑数据的描述中，涉及数据项、元组（也称记录）、键码等术语。

物理数据：是存放在存储设备上的数据，也称为物理记录，它描述的是数据在存储设备上的存储方式，涉及位、字节、字等术语。在实际应用中，逻辑数据需经数据库管理系统转换成物理数据。

所谓数据库的体系结构是指用户所使用的逻辑数据到存储设备上的物理数据的不同层次以及各层次之间的转换关系。目前大多数数据库管理系统所管理的数据库在总体上保持了三级模式结构，一些小型数据库管理系统因资源的限制没有全面采用这种结构。

2. 模式的概念

在数据模型中有“型”和“值”的概念。

型：对某一类数据的结构和属性的说明。

值：对型的一个具体赋值。

模式：是数据库中全体数据的逻辑结构和特征的描述，它仅仅涉及型的描述，不涉及具体的值。

### 4.2.3 数据库系统的三级模式与二级映像

1. 数据库系统的三级模式

数据库的三级模式是指数据在存储过程中，不同阶段所具有的不同表现形式。数据库的三级模式分别称为模式、外模式和内模式：

（1）模式：又称逻辑模式或概念模式，是数据库中全体数据的全局逻辑结构和特性的描述，也是所有用户的公共数据视图。

（2）外模式：又称子模式或用户模式，是模式的子集，是数据的局部逻辑结构，也是数据库用户看到的数据视图。

（3）内模式：又称存储模式，是数据在数据库系统中的内部表示，即数据的物理结构和存储方式的描述。

2. 数据库的二级映像

数据库的三级模式是对数据的三级抽象，由数据库管理系统来实现，使用户能够逻辑地处理数据，而不必考虑数据的实际表示与存储方法。为了实现三个抽象层次的转换，数据库管理系统在三级模式中提供了两次映像，即外模式到模式的映像和模式到内模式的映像，用以描述不同模式间存在的对应关系。其中外模式到模式的映像定义了外模式与模式之间的对应关系；模式到内模式的映像定义了数据的逻辑结构到物理结构之间的对应关系。

由于上述两种映像，使数据库中的数据具有两个层次的独立性，即数据的逻辑独立性和数据的物理独立性：

数据的逻辑独立性是指当数据库重构时，如增加新的关系或对原有关系增加新的字段等，用户和应用程序不会受影响。

数据的物理独立性是指用户和应用程序不依赖于数据库的物理结构。

（1）外模式/模式映像。当模式发生变化（例如增加新的关系、新的属性），数据的全局逻辑结构发生改变，对不受该全局变化影响的那些局部而言，至多改变外模式与模式之间的映像，而基于局部逻辑结构所开发的应用程序则不必修改。数据库的这一特性称为数据的逻辑独立性。

与该理论相对应的应用知识是视图。当基本表的表结构发生变化时，只需要修改基于该基本表创建的视图的定义文本，但基于视图开发的应用程序不受任何映像，就保证了数据库的逻辑独立性。

（2）模式/内模式映像。当数据库的存储结构发生改变时［例如硬件设备、存取方法或存储结构变化（如顺序存储、链式存储），引起内模式发生变化］，DBA 可以对模式/内模式映像作相应改变，可以使模式不发生变化，从而使应用程序不必修改（因为外模式不变，应用程序是根据外模式编写的）。数据库的这一特性保证了数据的物理独立性。

与该理论对应的应用知识是索引。若在某个表的某一列或某几列上创建了

聚集索引，则数据的存取方法和存储结构发生了变化，DBA 只需修改模式/内模式映像，公共数据视图不受影响，用户数据视图也不受影响，那么应用程序也不受影响，保证了数据的物理独立性。

# 第 5 章　数据查询与关系代数

DBA 和用户在日常工作中，对数据库系统最主要的操作是查询。通过查询，用户和 DBA 可得到自己需要的数据，SQL 中具有查询功能的语句是 SELECT。

## 5.1　应用技术

### 5.1.1　SELECT 语句的格式

语法格式：

```
SELECT[ALL|DISTINCT]<查询列表| * >
FROM <表名列表|视图名列表>
[WHERE <查询条件>]
[GROUP BY<列名列表>]
[HAVING<筛选条件>]
[ORDER BY<列名[ASC|DESC]列表>]
```

参数说明：

(1) SELECT 语句中的子句顺序非常重要。可选子句可省略，但这些子句在使用时必须按适当的顺序出现。

(2) ALL | DISTINCT：缺省值为 ALL，若用 DISTINCT，表示查询结果取消重复行。

(3) FROM <表名列表 | 视图名列表>：指定查询的位置——从基本表查或通过视图查，可通过多个表或视图查询。

(4) [GROUP BY<列名列表>]：分组子句，将查询结果按某一列或多列的值分组。

(5) [HAVING<筛选条件>]：HAVING 短语，是 GROUP BY 子句的一部分，用于设置筛选条件，满足条件的组输出。

(6) [ORDER BY<列名[ASC|DESC]列表>]：对查询结果进行排序，可按多列进行排序，优先级与列名的出现顺序一致，排序规则默认为 ASC。

### 5.1.2 单表查询

单表查询是仅涉及一个表的查询。

1. 查询全部列

【例 5.1】 查询“student”表中的所有信息。

```
SELECT sno, sname, sgender, sage, sdept, saddr, stel
FROM student;
```

或

```
SELECT *
FROM student;
```

★提示：查询所有列时，可用 * 表示，但二者有区别。

用 * 号时，查询结果中列的顺序与基本表结构中列的顺序完全一致；而第一种写法没有这个限制，列的顺序可与基本表表结构中列的顺序不一致。

2. 查询指定列

通常情况下，DBA 或用户只对一部分属性列感兴趣，可通过 SELECT 子句的<查询列表>指定要查询的列。

【例 5.2】 查询学生的学号和姓名。

```
SELECT sno, sname
FROM student;
```

3. 查询经过计算的值

有时要查询的内容不能从表中直接得到，需基于某一列或多列计算得到，此时 SELECT 后面跟的是目标列表达式。

【例 5.3】 查询学生的学号、姓名和出生年份。

```
SELECT sno, sname, 2015-sage
FROM student;
```

★提示：查询列表中不仅仅可以有算术表达式，还可以是字符串常量、函数等，只要是合法的表达式即可。

4. 给查询列起别名

[例 5.3] 的查询结果如图 5.1 所示。

第三列是通过计算得到的值，没有列名。若要列名，就需给表达式 2015-sage 起个别名。

语法格式：列名 [AS] 别名

【例 5.4】 查询学生的学号、姓名和出生年份，三列的列名分别显示为：“学号”“姓名”“出生年份”。

```
SELECT sno AS学号，sname AS姓名，2015-sage AS出生年份
FROM student;
```

查询结果如图5.2所示。

| | sno | sname | (无列名) |
|---|---|---|---|
| 1 | 201318901 | 马强 | 1996 |
| 2 | 201318902 | 李卓阳 | 1997 |
| 3 | 201318903 | 张琳 | 1996 |
| 4 | 201318904 | 程传强 | 1996 |
| 5 | 201319001 | 李楠 | 1995 |
| 6 | 201319002 | 程慧 | 1997 |
| 7 | 201319003 | 吴敏 | 1996 |
| 8 | 201319101 | 王蒙蒙 | 1996 |
| 9 | 201319102 | 天庆明 | 1995 |
| 10 | 201319103 | 张昊 | 1996 |

图5.1　［例5.3］的查询结果

| | 学号 | 姓名 | 出生年份 |
|---|---|---|---|
| 1 | 201318901 | 马强 | 1996 |
| 2 | 201318902 | 李卓阳 | 1997 |
| 3 | 201318903 | 张琳 | 1996 |
| 4 | 201318904 | 程传强 | 1996 |
| 5 | 201319001 | 李楠 | 1995 |
| 6 | 201319002 | 程慧 | 1997 |
| 7 | 201319003 | 吴敏 | 1996 |
| 8 | 201319101 | 王蒙蒙 | 1996 |
| 9 | 201319102 | 天庆明 | 1995 |
| 10 | 201319103 | 张昊 | 1996 |

图5.2　给查询列起别名

5．消除取值重复的行

两个本来不相同的行，投影到某些列上之后，可能变成相同的行，这时可用DISTINCT取消重复行。

**【例5.5】** 从student表中所有学生的sdept。

```
SELECT sdept
FROM student;
```

结果如图5.3所示。

只需知道学生所在院系，没必要把每个学生所在的院系分别显示，若取消重复行，用DISTINCT关键字。

```
SELECTDISTINCT sdept
FROM student;
```

结果如图5.4所示。

结果　消息

| | sdept |
|---|---|
| 1 | 软件 |
| 2 | 软件 |
| 3 | 软件 |
| 4 | 软件 |
| 5 | 水利 |
| 6 | 水利 |
| 7 | 水利 |
| 8 | 电力 |
| 9 | 电力 |
| 10 | 电力 |

图5.3　有重复行

结果　消息

| | sdept |
|---|---|
| 1 | 电力 |
| 2 | 软件 |
| 3 | 水利 |

图5.4　取消重复行

6. 查询满足条件的行

WHERE 子句用来设置查询条件，满足条件的元组被查询出来。常用的查询条件如表 5.1 所示。

**表 5.1　WHERE 子句中常用的查询条件**

| 查询条件 | 谓词 |
|---|---|
| 比较 | >, >=, <, <=, =, ! =, <>, ! >, ! < |
| 确定范围 | BETWEEN　AND, NOT BETWEEN　AND |
| 确定集合 | IN, NOT IN |
| 字符匹配 | LIKE, NOT LIKE |
| 空值 | IS NULL, IS NOT NULL |
| 逻辑 | AND, OR, NOT |

**【例 5.6】** 从 student 表中查询学号为“201318903”的学生的详细信息。

```
USE stud_course
GO
SELECT *
FROM student
WHERE sno='201318903';
```

本例用到比较运算符=，进行等值连接，满足条件的元组才显示输出。

**【例 5.7】** 查询年龄在 18 和 20 岁之间的学生信息。

```
SELECT *
FROM student
WHERE sage BETWEEN 18 AND 20;
```

WHERE 子句等价于：

```
WHERE sage>=18 AND sage<=20;
```

本例是查询年龄在一个集合范围内的学生信息，可用确定集合运算符，也可用比较运算符结合逻辑运算符实现。

**【例 5.8】** 查询水利、电力两个院系的学生信息。

```
SELECT *
FROM student
WHERE sdept IN ('水利', '电力');
```

WHERE 子句等价于：

```
WHERE sdept='水利' OR sdept='电力';
```

本例用到确定集合运算符，可用比较运算符集合逻辑运算符代替。

【例 5.9】 查询姓张的学生的详细信息。

```
SELECT *
FROM student
WHERE sname LIKE '张%';
```

本例用到字符匹配运算符 LIKE。

另外，姓张的学生，全名可能是两个字，也可能是三个字，匹配的表达式中还要用到通配符。常用的通配符有四种，如表 5.2 所示。

**表 5.2　　常用通配符**

| 通配符 | 含义 | 实例 |
|---|---|---|
| % | 包含零个或更多字符的任意字符串 | '李%'：以"李"开头的任意字符串；<br>'李%平'：以"李"开头并且以"平"结尾的任意字符串；<br>'%平'：以"平"结尾的任意字符串 |
| _ | 包含任何单个字符 | '李_'：以"李"开头的包含两个字符的字符串；<br>'11_9'：以"11"开头并且以"9"结尾包含四个字符的字符串 |
| [] | 包含指定范围或集合内的任何单个字符 | '[adf]%'：以"a"或"d"或"f"开头的任意字符串；<br>'[0-9][a-d]0'：以 0～9 之间任意数字开头，第二个字符为a～d之间任意字母，以"0"结尾的长度为 3 的任意字符串 |
| [^] | 不包含在指定范围或集合内的任何单个字符 | '[^a-e]dle'：不是以 a～e 之间任意字符开头并且以"dle"结尾长度为 4 的任意字符串；<br>'%[^afg]'：不是以"a" "f"和"g"结尾的任意字符 |

【例 5.10】 查询第 2 个字为"昊"字的学生的详细信息。

```
SELECT *
FROM student
WHERE sname LIKE '_昊%';
```

★提示：数据库字符集为 ASCII 时一个汉字需两个_，字符集为 GBK 时只需一个_。

若要查询的字符串本身含有通配符，需要使用 ESCAPE'<换码字符>'短语对通配符转义。

【例 5.11】 从 course 表查询 DB_Design 课程的详细信息。

```
SELECT *
FROM course
```

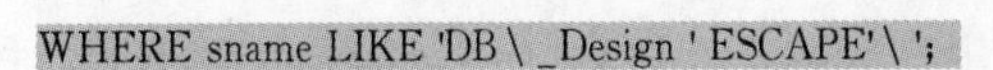

```
WHERE sname LIKE 'DB\_Design' ESCAPE'\';
```

说明：ESCAPE'\'表示“\”为换码字符，这时紧跟在“\”后面的字符“_”不再具有通配符的含义，转义为普通字符。

7. 对查询结果排序

若不对查询结果排序，查询结果集中各个元组的显示顺序与在基本表中的顺序一致。可以使用 ORDER BY 子句让查询结果集按指定列进行排序。

**【例 5.12】** 从 student 表查询学生的 sno、sname、sage 及 sdept 信息，要求查询结果按年龄由大到小的顺序排列。

```
SELECT sno, sname, sage, sdept
FROM student
ORDER BY sage DESC;
```

**★提示：** 排序规则默认为升序。若按升序排列，关键字 ASC 可省略。

8. 聚集函数

为方便 DBA 和用户对数据库中数据进行统计分析，SQL 提供了许多聚集函数，常用的聚集函数如表 5.3 所示。

**表 5.3　常用的聚集函数**

| 函数名称 | 语法格式 | 功能 |
|---|---|---|
| COUNT | COUNT（column_name） | 返回一列中值的个数（NULL 不计入） |
|  | COUNT（*） | 返回记录数 |
| SUM | SUM（column_name） | 返回数值列的总数 |
| AVG | AVG（column_name） | 返回数值列的平均值 |
| MAX | MAX（column_name） | 返回一列中的最大值 |
| MIN | MIN（column_name） | 返回一列中的最小值 |
| VAR | VAR（column） | 统计数值列值的方差 |
| VARP | VARP（column） | 统计数值列值的总体统计方差 |
| STDEV | STDEV（column） | 统计数值列值的偏差 |
| STDEVP | STDEVP（column） | 统计数值列值的偏差 |

**【例 5.13】** 查询开设课程总数。

```
SELECT COUNT(*)
FROM COURSE;
```

**【例 5.14】** 查询“高等数学”课程的学生平均成绩。

```
SELECT AVG(cgrade)
FROM course
```

```
WHERE cname='高等数学';
```

说明：[例 5.13] 是统计全校共开设的课程门数，[例 5.14] 是全校范围内选修了"高等数学"这门课程的学生平均成绩。更多情况下，是统计每个院系分别开设的课程门数以及各个院系某门课程的平均成绩分别是多少。要实现该功能，需分组统计。

★提示：聚集函数更多是进行分组统计。

9. 分组查询

SQL 中使用 GROUP BY 子句实现分组统计。在没有使用 GROUP BY 子句的情况下，SELECT 中使用聚合函数只产生一个统计值；使用 GROUP BY 子句，聚集函数作用于各个组，对每个组分别进行统计，并在结果集中显示统计数据。

**【例 5.15】** 根据课号分组，统计课程的最高分、最低分和平均分。

```
SELECT cno, MAX (cgrade), MIN (cgrade), AVG (cgrade)
FROM sc
GROUP BY cno
```

如果分组后还要求按一定的条件对这些组进行筛选，最终只输出满足指定条件的组，则可是使用 HAVING 短语指定筛选条件。

**【例 5.16】** 查询被 5 个以上学生选修的课程的课号。

```
SELECT cno
FROM sc
GROUP BY cno
HAVING COUNT (*) >=5;
```

分析：先用 GROUP BY 子句按 cno 分组，再用 COUNT 函数对每一组计数，HAVING 短语给出了选择组的条件，只有满足条件（元组个数>=5）的组才会被选出来。

★提示：使用 GROUP BY 子句的注意事项：

(1) 不能对 ntext、text、image 或 bit 列使用 GROUP BY 或 HAVING 子句，除非它们所在的函数返回的值具有其他数据类型。

(2) 若分组的列中包含多个 NULL 时，这些 NULL 将被认为是一组。

(3) 分组列可以直接出现在 SELECT 子句的查询列表中，其他列名不能直接出现，可以聚集函数的参数出现。

(4) GROUP BY 子句可按多列分组。

(5) HAVING 短语与 WHERE 子句的区别在于作用对象不同。WHERE 子句作用于基本表或视图，从中选择满足条件的元组；HAVING 短语作用于各个组，从中选择满足条件的组。

10. 查询前若干行

查询一定数量的行是对查询结果集中只显示出自结果集顶部开始若干数量的行。

语法格式：SELECT TOP <数值>[PERECNT] [查询列表 | *]

说明：(1) TOP <数值>：显示自结果集顶部开始指定数值的元组。

(2) TOP <数值> PERECNT：表示按结果集的百分比显示若干行。

如：TOP 5 PERCENT，若结果集中有 100 行，5%则表示只显示前 5 行。

**【例 5.17】** 从 student 表中查询前 5 行学生的所有信息。

```
SELECT TOP 5 *
FROM student
```

**【例 5.18】** 从 student 表中查询前 5%行学生的所有信息。

```
SELECT TOP 5 PERCENT *
FROM student
```

### 5.1.3 多表连接查询

若一个查询同时涉及两个以上的表，则称之为连接查询。

连接查询是关系数据库中最主要的查询，包括以下几种。

1. 交叉连接查询

交叉连接查询的结果集中包含了连接表中所有行的排列组合，即广义笛卡尔积。如：两个表进行连接查询，分别有 m 行和 n 行，则全连接查询的结果集中有 m * n 行。

**【例 5.19】** 对 student 表和 sc 表进行交叉连接查询。

```
SELECT student. * , sc. *
FROM student CROSS JOIN sc              --等价于 FROM student, sc
```

**★提示：** 交叉连接即没有连接条件的多表查询，没有现实意义。

2. 等值/非等值连接

连接查询的 WHERE 子句中用来连接两个表的条件称为连接条件或连接谓词，其一般格式为：[<表名 1.>]<列名 1><比较运算符>[<表名 2.>]<列名 2>

当连接运算符为"="时，称为等值连接；使用其他比较运算符称为非等值连接。

**【例 5.20】** 查询每个学生及其选修课程的情况。

```
SELECT student. * ,sc. *
FROM student,sc
```

```
WHERE student. sno=sc. sno                    --等值连接
```

查询结果如图 5.5 所示。查询结果中有重复列 sno。

结果　消息

| | sno | sname | sgender | sage | sdept | saddr | stel | sno | cno | cgrade |
|---|---|---|---|---|---|---|---|---|---|---|
| 1 | 201318901 | 马强 | 男 | 19 | 软件 | 安阳 | 13803710001 | 201318901 | rj001 | 89 |
| 2 | 201318901 | 马强 | 男 | 19 | 软件 | 安阳 | 13803710001 | 201318901 | rj002 | 76 |
| 3 | 201319001 | 李楠 | 男 | 20 | 水利 | 濮阳 | 13003711001 | 201319001 | sl001 | 66 |
| 4 | 201319002 | 程慧 | 女 | 18 | 水利 | 郑州 | 13003711002 | 201319002 | sl002 | 93 |
| 5 | 201319101 | 王蒙蒙 | 女 | 19 | 电力 | 驻马店 | 13103710001 | 201319101 | dl001 | 88 |
| 6 | 201319102 | 天庆明 | 男 | 20 | 电力 | 安阳 | 13103710002 | 201319102 | dl002 | 54 |
| 7 | 201319103 | 张昊 | 男 | 19 | 电力 | 濮阳 | 13103710003 | 201319103 | dl002 | 58 |

图 5.5　等值连接示例

**★提示：** 在等值连接中取消重复列，就变为自然连接。

3. 自然连接

取消重复列的等值连接称为自然连接。

[例 5.20] 的代码修改为：

```
SELECT student. sno, sname, sage, sdept, saddr, stel, cno, cgrade
FROM student, sc
WHERE student. sno=sc. sno
```

查询结果如图 5.6 所示。

结果　消息

| | sno | sname | sage | sdept | saddr | stel | cno | cgrade |
|---|---|---|---|---|---|---|---|---|
| 1 | 201318901 | 马强 | 19 | 软件 | 安阳 | 13803710001 | rj001 | 89 |
| 2 | 201318901 | 马强 | 19 | 软件 | 安阳 | 13803710001 | rj002 | 76 |
| 3 | 201319001 | 李楠 | 20 | 水利 | 濮阳 | 13003711001 | sl001 | 66 |
| 4 | 201319002 | 程慧 | 18 | 水利 | 郑州 | 13003711002 | sl002 | 93 |
| 5 | 201319101 | 王蒙蒙 | 19 | 电力 | 驻马店 | 13103710001 | dl001 | 88 |
| 6 | 201319102 | 天庆明 | 20 | 电力 | 安阳 | 13103710002 | dl002 | 54 |
| 7 | 201319103 | 张昊 | 19 | 电力 | 濮阳 | 13103710003 | dl002 | 58 |

图 5.6　自然连接结果

自然连接又称内连接，上面代码还可修改为：

```
SELECT student. sno, sname, sage, sdept, saddr, stel, cno, cgrade
FROM student INNER JOIN sc
ON student. sno=sc. sno                  --使用…INNER JOIN… ON…连接查询条件
```

**★提示：**

(1) 在内连接中参与连接的两个表地位平等，结果集中仅包括满足连接条件的数据行。

（2）若参与连接的两个表地位不平等，一个为主表，一个为从表，则变为外连接。

4. 外连接

外连接则以一个表为主表，一个表为从表，结果集中包含主表中的所有数据行以及从表中满足连接条件的数据行。如果从表中不存在与主表匹配的行，则对应位置以 NULL 填入。按照主表的位置，外连接可分为左连接、右连接和完全连接。

（1）左外连接。若连接条件中以位于左边的表为主表，则称为左外连接。

**【例 5.21】** 将 course 表定义为主表，与 sc 表进行左外连接，查询每门课程的信息及被选修的情况。

```
SELECT course. *, sno, cgrade
FROM course LEFT OUTER JOIN sc
ON course. cno=sc. cno
```

查询结果如图 5.7 所示。

结果 消息

| | cno | cname | ccre... | cpno | cteac... | sno | cgrade |
|---|---|---|---|---|---|---|---|
| 1 | dl001 | 电力基础 | 3 | NULL | 王军 | 201319101 | 88 |
| 2 | dl002 | 电工学 | 4 | dl001 | 郑凯 | 201319102 | 54 |
| 3 | dl002 | 电工学 | 4 | dl001 | 郑凯 | 201319103 | 58 |
| 4 | dl003 | 电力系统 | 6 | dl002 | 王建伟 | NULL | NULL |
| 5 | rj001 | 数据库系统 | 4 | NULL | 张蕊 | 201318901 | 89 |
| 6 | rj002 | 数据结构 | 4 | rj001 | 郭涛 | 201318901 | 76 |
| 7 | rj003 | 软件工程 | 6 | rj002 | 吴红 | NULL | NULL |
| 8 | sl001 | 高等数学 | 6 | NULL | 李丽 | 201319001 | 66 |
| 9 | sl002 | 水利工程概论 | 3 | sl001 | 张华 | 201319002 | 93 |

图 5.7 左外连接示例

（2）右外连接。若连接条件中以位于右边的表为主表，则称为右外连接。

**【例 5.22】** 将 sc 表定义为主表，与 course 表进行右外连接，查询每门课程的信息及被选修的情况。

```
SELECT course. *, sno, cgrade
FROM course RIGHT OUTER JOIN sc
ON course. cno=sc. cno
```

查询结果如图 5.8 所示。

与图 5.7 对比，可理解左外连接与右外连接的区别。

（3）完全外连接。不分主次表的外连接称为完全外连接。查询的结果集中包含两个表的所有行，对于没有匹配的行的对应位置将置入 NULL。

|  | cno | cname | ccre... | cpno | cteac... | sno | cgrade |
|---|---|---|---|---|---|---|---|
| 1 | rj001 | 数据库系统 | 4 | NULL | 张蕊 | 201318901 | 89 |
| 2 | rj002 | 数据结构 | 4 | rj001 | 郭涛 | 201318901 | 76 |
| 3 | sl001 | 高等数学 | 6 | NULL | 李丽 | 201319001 | 66 |
| 4 | sl002 | 水利工程概论 | 3 | sl001 | 张华 | 201319002 | 93 |
| 5 | dl001 | 电力基础 | 3 | NULL | 王军 | 201319101 | 88 |
| 6 | dl002 | 电工学 | 4 | dl001 | 郑凯 | 201319102 | 54 |
| 7 | dl002 | 电工学 | 4 | dl001 | 郑凯 | 201319103 | 58 |

图 5.8　右外连接结果

**【例 5.23】**　将 student 表与 sc 表进行完全外连接，查询学号、姓名、年龄、选修课号及成绩。

```
SELECT student.sno，sname，sage，cno，cgrade
FROM student FULL OUTER JOIN sc ON student.sno=sc.sno
```

查询结果如图 5.9 所示。

|  | sno | sname | sage | cno | cgrade |
|---|---|---|---|---|---|
| 1 | 201318901 | 马强 | 19 | rj001 | 89 |
| 2 | 201318901 | 马强 | 19 | rj002 | 76 |
| 3 | 201318902 | 李卓阳 | 18 | NULL | NULL |
| 4 | 201318903 | 张琳 | 19 | NULL | NULL |
| 5 | 201318904 | 程传强 | 19 | NULL | NULL |
| 6 | 201319001 | 李楠 | 20 | sl001 | 66 |
| 7 | 201319002 | 程慧 | 18 | sl002 | 93 |
| 8 | 201319003 | 吴敏 | 19 | NULL | NULL |
| 9 | 201319101 | 王蒙蒙 | 19 | dl001 | 88 |
| 10 | 201319102 | 天庆明 | 20 | dl002 | 54 |
| 11 | 201319103 | 张昊 | 19 | dl002 | 58 |

图 5.9　完全外连接

**★提示：**完全连接和交叉连接是不同的。

完全连接在进行查询时要根据连接条件对两个表的行数据进行比较匹配，对于没有匹配行的对应位置将置入 NULL，而交叉连接则返回两个表中行与行的任意组合。

5. 自身连接

连接查询不仅能在不同表之间进行，也可以是一个表与自己进行连接，称为自然连接。

**【例 5.24】**　查询每一门课的间接先修课。

间接先修课即先修课的先修课。在 course 表中，只有每门课的先修课，没有先修课的先修课。要得到该信息，对每一门课必须先找到其先修课，再按此先修课的课号，查找它的先修课。这就要将 course 表与其自身连接。

为此，要为 course 表起两个别名，假设一个为 first，一个为 second。如图 5.10 所示。

| cno | cname | ccredit | cpno | cteacher |
| --- | --- | --- | --- | --- |
| [illegible] | 电力基础 | 3 | NULL | 王军 |
| dl002 | 电工学 | 4 | dl001 | 郑凯 |
| dl003 | 电力系统 | 6 | dl002 | 王建伟 |
| rj001 | 数据库系统 | 4 | NULL | 张蕊 |
| rj002 | 数据结构 | 4 | rj001 | 郭涛 |
| rj003 | 软件工程 | 6 | rj002 | 吴红 |
| sl001 | 高等数学 | 6 | NULL | 李丽 |
| sl002 | 水利工程概论 | 3 | sl001 | 张华 |

(a) first 表

| cno | cname | ccredit | cpno | cteacher |
| --- | --- | --- | --- | --- |
| [illegible] | 电力基础 | 3 | NULL | 王军 |
| dl002 | 电工学 | 4 | dl001 | 郑凯 |
| dl003 | 电力系统 | 6 | dl002 | 王建伟 |
| rj001 | 数据库系统 | 4 | NULL | 张蕊 |
| rj002 | 数据结构 | 4 | rj001 | 郭涛 |
| rj003 | 软件工程 | 6 | rj002 | 吴红 |
| sl001 | 高等数学 | 6 | NULL | 李丽 |
| sl002 | 水利工程概论 | 3 | sl001 | 张华 |

(b) second 表

图 5.10 自身连接示例

代码如下：

```
SELECT first. cno，second. cpno
FROM course AS first，course AS second
WHERE first. cpno=second. cpno
```

查询结果如图 5.11 所示。

结果 | 消息

|  | cno | cpno |
| --- | --- | --- |
| 1 | dl002 | dl001 |
| 2 | dl003 | dl002 |
| 3 | rj002 | rj001 |
| 4 | rj003 | rj002 |
| 5 | sl002 | sl001 |

图 5.11 本例自身连接结果

**★提示：** 给表起别名与给列起别名类似。

语法格式为：<表名>［AS］<别名>

### 5.1.4 嵌套查询

在 SQL 语言中，一个 SELECT-FROM-WHERE 语句称为一个查询块。若一个查询块的查询结果作为另一个查询块的查询条件，即一个查询块嵌套在另一个查询块的 WHERE 子句或 HAVING 短语的条件中的查询称为嵌套查询。例如：

```
SELECT *                                --外层查询或父查询
FROM student
WHERE sdept=
          (SELECT sdept                 --内层查询或子查询
          FROM student
          WHERE sname='张昊')
```

小括号里面的查询块的查询结果嵌套在 SELECT * FROM student WHERE sdept=的 WHERE 条件中。上层的查询块称为外层查询或父查询，下层的查询块称为内层查询或子查询。

1. 返回单值的子查询

当用户明确知道内层查询返回的是单值时，可用比较运算符（=，>，<，>=，<=，! =，<>）连接父查询与子查询。

**【例 5.25】** 查询高等数学成绩比“张昊”高的学生的 sno，sname，sdept 以及 cgrade。

```
SELECT student. sno, sname, sgender, sdept, cgrade          --父查询
FROM student, sc
WHERE cgrade>
      (SELECT cgrade                                         --子查询
        FROM sc
        WHERE cno= ( SELECT cno from course
                      WHERE cname='高等数学')
        and   sno= ( SELECT sno FROM student
                      WHERE sname='张昊'))
and cno= (SELECT cno from course
          WHERE cname='高等数学')
and student. sno=sc. sno
```

分析：本例子查询得到张昊同学高等数学这门课程的成绩，父查询得到高等数学成绩比张昊高的学生的基本信息及其成绩。所以外层查询中有三个条件：①高等数学这门课的课号；②成绩比张昊的高等数学成绩高；③两表的连接条件 student. sno=sc. sno。

2. 返回多值的子查询

当子查询返回多个值时，可以用 ANY 或 ALL 谓词、IN 谓词以及 EXISTS 谓词。

（1）使用 ANY 或 ALL 谓词。ALL 或 ANY 谓词必须和比较运算符结合使用。以 > 比较运算符为例：

1）>ALL 表示大于每一个值，即大于最大值。例如：>ALL（1，2，3）

表示大于 3。

2）＞ANY 表示至少大于一个值，即大于最小值。例如：＞ANY（1，2，3）表示大于 1 即可。

**【例 5.26】** 查询其他学院中比软件学院所有学生年龄都大的学生姓名、年龄及院系。

```
SELECT sname，sage，sdept
FROM student
WHERE sage＞ALL（SELECT sage
                 FROM student
                 WHERE sdept＝'软件')
```

此嵌套查询一种可能的执行过程是：

（a）执行内层查询。

```
SELECT sage
FROM student
WHERE sdept＝'软件'
```

结果为图 5.12（a）。

（b）执行外层查询。

```
SELECT sname，sage，sdept
FROM student
WHERE sage＞19
```

结果为图 5.12（b）。

| | sage |
|---|---|
| 1 | 19 |
| 2 | 18 |
| 3 | 19 |
| 4 | 19 |

(a)内层查询

| | sname | sage | sdept |
|---|---|---|---|
| 1 | 李楠 | 20 | 水利 |
| 2 | 天庆明 | 20 | 电力 |

(b)外层查询

图 5.12　嵌套查询执行过程示例

（2）使用 IN 谓词。嵌套查询中，内查询的结果通常情况下是一个集合，谓词 IN 就是用于确定集合的，所以 IN 是嵌套查询中最经常使用的谓词。

**【例 5.27】** 查询选修了课程的学生学号和姓名。

```
SELECT sno，sname                    --②再查询学生的学号和姓名
FROM student
WHERE sno IN（SELECT sno               --①先查询出选了课的学生学号
```

```
            FROM sc)
```

此代码等价于：

```
SELECT DISTINCT student.sno，sname        --若用等值连接，需取消重复行
FROM student，sc
WHERE student.sno=sc.sno
```

在该例的基础上，再加一限定条件。

**【例 5.28】** 查询选修了数据库系统课程的学生学号和姓名。

```
SELECT sno，sname                      --③最后在 student 表中提取出学号和姓名
FROM student
WHERE sno IN (
          SELECT sno                   --②然后在 sc 表中查询选修了该课程的学生学号
          FROM sc
          WHERE cno IN (
                    SELECT cno --①先在 course 表查询数据库系统课程的课号
                    FROM course
                    WHERE cname='数据库系统'
                    )
          )
```

（3）使用 EXISTS 谓词。带有 EXISTS 谓词的子查询不返回任何数据，只产生逻辑真值“true”或逻辑假值“false”。

**【例 5.29】** 查询所有选修了 rj001 号课程的学生姓名。

```
SELECT sname
FROM student
WHERE EXISTS (SELECT *
          FROM sc
          WHERE sno=student.sno AND cno='rj001')
```

**★提示：** 有关 EXISTS 谓词使用说明：

（1）由 EXISTS 谓词引出的子查询，其目标列表达式通常使用 *，因为带 EXISTS 谓词的子查询只返回逻辑值，给出列名无实际意义。

（2）与 EXISTS 对应的是 NOT EXISTS。使用 NOT EXISTS 后，若内层查询结果为空，则外层 WHERE 子句返回真值，否则返回假值。

（3）有些带 EXISTS 或 NOT EXISTS 谓词的子查询不能被其他形式的子查询等价替代，但所有带 IN 谓词、ANY 或 ALL 谓词的子查询都能用带 EXISTS 谓词的子查询等价替代。

（4）由 EXITSTS 引导的子查询称为相关子查询，即子查询的条件依赖于

父查询的某个属性值。

### 5.1.5 集合查询

SELECT 语句的查询结果是元组的集合，那么多个 SELECT 语句的结果可进行集合操作。主要包括：并操作 UNION、交操作 INTERSECT 和差操作 EXCEPT。

**★提示：** 进行集合操作有一前提条件：

参与集合操作的各查询结果的列数必须相同；对应项的数据类型也必须相同。

**【例 5.30】** 查询选修了 rj001 或 rj002 课程的学生。

```
SELECT sno
FROM sc
WHERE cno='rj001'
UNION
SELECT sno
FROM sc
WHERE cno='rj002'
```

说明：使用 UNION 求两个查询结果的并集，系统会自动取消重复行（有学生既选了 rj001 又选了 rj002 课程）。若要保留重复行，使用 UNION ALL。

**【例 5.31】** 查询既选修了 rj001 又选修了 rj002 课程的学生。

```
SELECT sno
FROM sc
WHERE cno='rj001'
INTERSECT
SELECT sno
FROM sc
WHERE cno='rj002'
```

**【例 5.32】** 查询软件学院的学生与年龄小于 18 岁的学生的差集。

```
SELECT sno
FROM student
WHERE sdept='软件'
EXCEPT
SELECT sno
FROM student
WHERE sage<18
```

即：查询的是软件学院中年龄不小于 18 岁的学生，等价于：

```
SELECT sno
FROM student
WHERE sdept='软件'AND sage>=18
```

## 5.2　相关原理

DBA 或用户通过 SELECT 语句对数据进行查询操作时，系统内部的执行流程：

（1）客户端向 SQL Server 服务器端发送查询请求。

（2）SQL Server 服务器就对相应表中的数据进行逐条判断，判断是否满足查询条件。

（3）把满足条件的行和列提取出来，组织在一起，构成一个类似二维表的结构，通常称为记录集，或查询结果集。如图 5.13 所示。

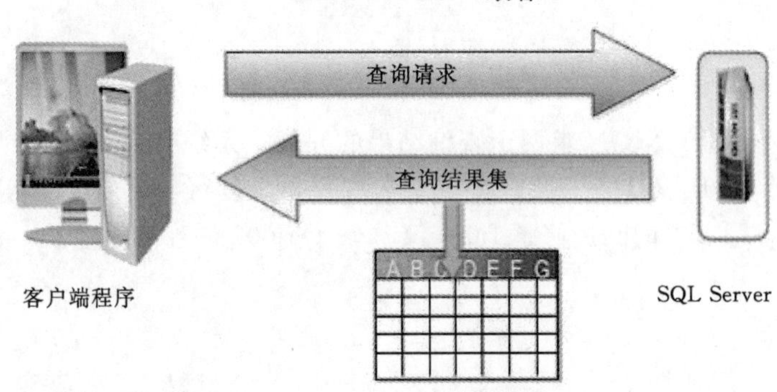


图 5.13　SELECT 语句执行流程

**★提示：**

（1）查询产生一个虚拟表。

（2）看到的是以表的形式显示的查询结果，但结果并不真正存储。

（3）每次执行查询都是从数据表中提取数据，并按照表的形式显示出来。

### 5.2.1　关系代数

与 SQL 查询紧密相关的理论知识就是关系代数。

关系代数是一种抽象的查询语言，它用对关系的运算来表达查询。关系代数的运算对象是关系，运算结果也是关系。用到的运算符有传统的集合运算符和专门的关系运算符。在进行专门的关系运算时，还要结合比较运算符和逻辑运算符使用。

1. 传统的集合运算

**★提示：** 即应用中的集合查询，不同之处在于一个用 SQL 语言，一个用关系代数。

传统的集合运算包括：并、交、差、广义笛卡尔积四种。

设关系 R 和关系 S 具有相同的目 n，且相应的属性取自同一个域，t 是元组变量，t∈R 表示 t 是 R 的一个元组。

则四种运算如下：

（1）并：$R \cup S = \{t \mid t \in R \vee t \in S\}$。

如上述例 5.30，设 R 为查询选修了 rj001 课程的学生的查询结果，如图 5.14（a）所示；S 为查询选修了 rj002 课程的学生的查询结果，如图 5.14（b）所示。

| | sno |
|---|---|
| 1 | 201318901 |
| 2 | 201318902 |

(a)R

| | sno |
|---|---|
| 1 | 201318901 |

(b)S

图 5.14 并运算示例

则 $R \cup S = \{201318901, 201318902\}$。

（2）交：$R \cap S = \{t \mid t \in R \wedge t \in S\}$。

根据上面的关系 R 和 S，可得到：

$R \cap S = \{201318901\}$。

（3）差：$R - S = \{t \mid t \in R \wedge t \notin S\}$。

同理：$R - S = \{201318902\}$。

（4）广义笛卡尔积：$R \times S = \{\widehat{t_r t_s} \mid tr \in R \wedge ts \in S\}$。

$R \times S$ 的结果如表 5.4 所示。

表 5.4 广义笛卡尔积示例

| R. sno | S. sno |
|---|---|
| 201318901 | 201318901 |
| 201318902 | 201318901 |

另外，与应用中多表连接查询中的交叉连接相对应的原理也是广义笛卡尔积。

2. 专门的关系运算

专门的关系运算包括：选择，投影，连接，除。为叙述方便，先引入几个记号：

(1) 设关系模式为 R (A1, A2, …, An), 它的一个关系设为 R。t∈R 表示 t 是 R 的一个元组, t [Ai] 则表示元组 t 中相应于属性 Ai 的一个分量。

(2) 若 A= {Ai1, Ai2, …, Aik}, 其中 Ai1, Ai2, …, Aik 是 A1, A2, …, An 中的一部分, 则 A 称为属性列或域列。t [A] = (t [Ai1], t [Ai2], …, t [Aik]) 表示元组 t 在属性列 A 上诸分量的集合。$\bar{A}$ 则表示 {A1, A2, …, An} 中去掉 {Ai1, Ai2, …, Aik} 后剩余的属性组。

(3) R 为 n 目关系, S 为 m 目关系。$t_r \in R$, $t_s \in S$, $\widehat{t_r t_s}$称为元组的连接。它是一个 n + m 列的元组, 前 n 个分量为 R 中的一个 n 元组, 后 m 个分量为 S 中的一个 m 元组。

(4) 象集 Zx。给定一个关系 R (X, Z), X 和 Z 为属性组。当 t [X] =x 时, x 在 R 中的象集 (Images Set) 为:

$$Zx=\{t[Z] \mid t \in R, t[X]=x\}$$

它表示 R 中属性组 X 上值为 x 的诸元组在 Z 上分量的集合。

1) 选择: 选择运算符的含义: 在关系 R 中选择满足给定条件的诸元组。

$$\sigma_F(R) = \{t \mid t \in R \land F(t)='真'\}$$

**★提示:** 选择运算是从行的角度进行的运算, 与应用中查询满足条件的行相对应。

**【例 5.33】** 用关系代数表示例 5.6: 查询学号为"201318903"的学生的详细信息。

$\sigma_{sno='201318903'}$ (Student)　　或　$\sigma_{1='201318903'}$ (Student)　　//用列号代表列名。

2) 投影: 从 R 中选择出若干属性列组成新的关系。

$$\pi_A(R) = \{t[A] \mid t \in R\} \quad A: R 中的属性列$$

投影之后不仅取消了原关系中的某些列, 而且还可能取消某些元组 (避免重复行)

**★提示:** 投影运算是从列的角度进行的运算, 与应用中查询若干列相对应。

**【例 5.34】** 用关系代数表示 [例 5.2]: 查询学生的学号和姓名。

即求 Student 关系在学号和姓名两个属性上的投影。

$\pi_{sno,sname}$ (Student)　　或　$\pi_{1,2}$ (Student)

3) 连接: 从两个关系的笛卡尔积中选取属性间满足一定条件的元组。

$$R \underset{A\theta B}{\bowtie} S= \{\widehat{t_r t_s} \mid t_r \in R \land t_s \in S \land tr[A] \ \theta \ ts[B]\}$$

- A 和 B: 分别为 R 和 S 上度数相等且可比的属性组
- θ: 比较运算符

两类常用连接运算：

等值连接：θ为“=”的连接运算称为等值连接

自然连接：自然连接是一种特殊的等值连接

**★提示：** 连接运算是从行的角度进行的运算，与应用中多表连接查询相对应。

包括：等值/非等值连接、自然连接、外连接等，其中外连接又包括左外连接和右外连接。读者可结合［例 5.19］到［例 5.23］来看。

**【例 5.35】** 用关系代数表示［例 5.20］：查询每个学生及其选修课程的情况。

$student \underset{student.sno=sc.sno}{\infty} sc$

4）除：给定关系 R（X，Y）和 S（Y，Z），其中 X，Y，Z 为属性组。

R 中的 Y 与 S 中的 Y 可以有不同的属性名，但必须出自相同的域集。R 与 S 的除运算得到一个新的关系 P（X），P 是 R 中满足下列条件的元组在 X 属性列上的投影：元组在 X 上分量值 x 的象集 Yx 包含 S 在 Y 上投影的集合。

$R \div S = \{t_r[X] \mid t_r \in R \wedge \pi_Y(S) \subseteq Y_x\}$

$Y_x$：x 在 R 中的象集，$x = t_r[X]$

**★提示：** 除运算是同时从行和列的角度进行运算。

**【例 5.36】** 查询至少选修了 rj001 和 rj002 号课程的学生学号和课号。

首先建一个临时关系 K：

K

| cno |
| --- |
| rj001 |
| rj002 |

然后求：$\pi_{sno,cno}$（sc）÷K。

# 第6章 高级数据库对象

数据库操作通常有两种方式：图形界面和Transact-SQL语句。而在实际应用中，DBA更倾向于通过编写T-SQL语句来完成操作。本章介绍的存储过程和触发器通过将一些经常使用的T-SQL语句打包成一个数据库对象并存储在服务器上，等到需要时，就调用或触发这些T-SQL语句包，以满足更好的应用需求，且方便DBA进行数据库系统的日常维护与管理。

## 6.1 应用技术

### 6.1.1 存储过程

存储过程（Stored Procedure）是在大型数据库系统中，一组为了完成特定功能的SQL语句集，经编译后存储在数据库中，用户通过指定存储过程的名字并给出参数（如果该存储过程带有参数）来执行它。存储过程是数据库中的一个重要数据库对象，任何一个设计良好的数据库应用程序都应该用到存储过程。

#### 6.1.1.1 存储过程的类型

SQL Server 2005中，存储过程主要有以下5类，其中系统存储过程、扩展存储过程为用户管理数据库、获取系统信息、查看系统对象提供了很大的帮助。

1. 系统存储过程

SQL Server 2005中存在200多个系统存储过程（System Stored Procedures），这些存储过程的使用，方便DBA对数据库进行管理。在安装SQL Server 2005数据库系统时，系统存储过程被安装在master数据库中，并且初始化状态只有系统管理员拥有使用权。所有的系统存储过程都以sp_开头。

通过系统存储过程，SQL Server 2005中的许多管理性或信息性的活动（如了解数据库对象、数据库信息）都可以被有效地完成。在使用以sp_开头的系统存储过程时，SQL Server首先在当前数据库中寻找，如果没有找到，则再到master数据库中查找并执行。虽然存储在master数据库中，但是绝大

部分系统存储过程可以在任何数据库中执行。

系统存储过程所能完成的操作多达千百项。常用的系统存储过程如表 6.1 所示。

**表 6.1　　常用的系统存储过程**

| 系统存储过程 | 功　能 |
|---|---|
| sp_help | 提供有关数据库对象的信息 |
| sp_helptext | 显示数据库对象的定义文本 |
| sp_depends | 显示有关数据库对象依赖关系的信息 |
| sp_rename | 给数据库对象重命名 |
| sp_renamedb | 给数据库重命名 |
| sp_addgroup | 在当前数据库中创建用户组（角色） |
| sp_addlogin | 创建新的 SQL Server 登录 |
| sp_addtype | 创建新的用户自定义数据类型 |
| sp_monitor | 显示 CPU、I/O 的使用信息 |

2. 扩展存储过程

扩展存储过程（Extended Stored Procedure）是用户使用外部程序语言（如 C 语言）编写的存储过程。显而易见，通过扩展存储过程，可以弥补 SQL Server 2005 不足之处并按需要自行扩展其功能。扩展存储过程在使用和执行上与一般的存储过程相同。可以将参数传递给扩展存储过程，扩展存储过程也能够返回结果和状态值。

扩展存储过程的名称通常以 xp_开头，以动态链接库（DLLS）的形式存在，能让 SQL Server 2005 动态装载和执行。扩展存储过程只能存放在系统数据库 master 中。

3. 本地存储过程

本地存储过程（Local Stored Procedures）是用户自行创建并存储在用户数据库中的存储过程。事实上，一般所说的存储过程指的就是本地存储过程。

4. 临时存储过程

临时存储过程（Temporary Stored Procedures）通常分为局部临时存储过程和全局临时存储过程。创建局部临时存储过程时，以“＃”作为过程名称的第一个字符；创建全局临时存储过程时，以“＃＃”作为过程名称的前两个字符；临时存储过程存放在 tempdb 数据库中。

本地临时存储过程，只有创建它并连接的用户能够执行它，一旦该用户断开与 SQL Server 2005 的连接，本地临时存储过程会自动删除。

全局临时存储过程，一旦创建，以后连接到 SQL Server 2005 的任何用户都能够执行它，且不需要特定的权限。当创建全局临时存储过程的用户断开与SQL Server 2005的连接，SQL Server 2005将检查是否有其他用户正在执行该全局临时存储过程，如果没有，便立即将全局临时存储过程删除；否则，SQL Server 2005会让正在执行中的操作继续进行，但是不再允许任何其他用户执行全局临时存储过程，等到所有未完成的操作执行完毕后，全局临时存储过程会自动删除。

无论创建的是局部临时存储过程还是全局临时存储过程，只要SQL Server一停止运行，它们将不复存在。

5. 远程存储过程

远程存储过程（Remote Stored Procedures）位于远程服务器上，通常，可以使用分布式查询或EXECUTE命令执行一个远程存储过程。

#### 6.1.1.2 存储过程的创建

1. SQL Server Management Studio

展开数据库节点→可编程性→右击“存储过程”→新建存储过程→“查询”菜单→指定模板参数的值→设定参数。

其中包括：创建者Autor、创建日期Create Date、描述信息Description、存储过程名ProcedureName、参数名@Param1、参数的数据类型Datatype_For_Param1、参数的默认值Default_Value_For_Param1。

2. 使用T-SQL语句

语法格式为：

```
CREATE PROC[EDURE] procedure_name
[{@parameter data_type}[=default][OUTPUT ]] [,…n]
[WITH{RECOMPILE|ENCRYPTION|RECOMPILE,ENCRYPTION}]
AS
sql_statement;
```

参数说明：

- procedure_name：存储过程名，必须符合命名规则，在一个数据库中或对其所有者而言，存储过程的名字必须唯一。
- @parameter：存储过程的参数。在Create Procedure语句中，可以声明一个或多个参数。当调用该存储过程时，用户必须给出所有输入参数的值，除非定义了参数的缺省值。若参数的形式以@parameter=value出现，则参数的次序可以不同，否则用户给出的参数值必须与参数列表中参数的顺序保持一致。若某一参数以@parameter=value形式给出，那么其他参数也必须以该形式给出。一个存储过程至多有1024个参数。

- data_type：参数的数据类型。
- default：指参数的缺省值。缺省值必须是常数，或者是空值。
- OUTPUT：表明参数是输出参数。用 OUTPUT 参数可以向调用者返回信息。Text 类型参数不能用作 OUTPUT 参数。
- RECOMPILE：指明 SQL Server 并不保存该存储过程的执行计划，该存储过程每执行一次都要重新编译。
- ENCRYPTION：表明 SQL Server 加密了 syscomments 表，该表的 text 字段是包含有 Create procedure 语句的存储过程文本，使用该关键字无法通过 syscomments 表查看存储过程的定义文本。
- AS：指明该存储过程将要执行的动作。
- sql_statement：包含在存储过程中的 T-SQL 语句。

**★提示：** SQL Server 中一个存储过程的最大尺寸为 128M，用户定义的存储过程必须创建在当前数据库中。

**【例 6.1】** 在 stud_course 数据库中创建 selection 存储过程，该存储过程返回 sc 表中有关 1 号课程的选课情况。

```
USE stud_course
GO
IF OBJECT_ID ('selection', 'P') IS NOT NULL
   DROP PROCEDURE selection;
GO
CREATE PROCEDURE selection
AS
    SET NOCOUNT ON;                    --表示执行结果不统计查询出的记录的个数
    SELECT sno, cno, cgrade
FROM sc
WHERE cno='1'
GO
```

说明：

（1）该存储过程为一简单存储过程，不带输入、输出参数。

（2）IF 条件用来判断名为 selection 的存储过程在当前数据库汇总是否已经存在。OBJECT_ID（'object_name'，'object_type'）中的两个参数分别表示“数据库对象名”和“数据库对象的类型”，若 OBJECT_ID（'selection'，'P'）IS NOT NULL，表示名为 selection 的存储过程已经存在。

（3）IF 语句可更换为：

```
IF EXISTS ( SELECT name FROM sysobjects
```

```
WHERE name='selection' AND type='P')
    DROP PROCEDURE selection;
```

★提示：创建存储过程前的注意事项：

（1）CREATE PROCEDURE 语句不能与其他 SQL 语句在单个批处理中组合使用。

（2）要创建过程，必须具有数据库的 CREATE PROCEDURE 权限。数据库所有者具有默认的创建存储过程的权限，它可把该权限传递给其他的用户。

（3）存储过程的名称必须遵守标识符规则。

（4）只能在当前数据库中创建存储过程，保证数据库的安全性。

**【例 6.2】** 在 stud_course 数据库中创建 subjects_selected 存储过程，该存储过程可以根据给定的课号返回与该课号所对应的选课情况。

分析：该存储过程的功能是根据给定的课号返回与该课号所对应的选课情况，比［例 6.1］中的存储过程使用灵活，若 cno='1'，返回的是 1 号课程的选课情况；若 cno='2'，返回的就是 2 号课程的选课情况。那么在创建该存储过程时，需要带一个输入参数。代码如下：

```
IF OBJECT_ID ('subjects_selected', 'P') IS NOT NULL
    DROP PROCEDURE subjects_selected;
CREATE PROCEDURE subjects_selected
@cnumber nvarchar (10) =NULL        --NULL 为参数@cnumber 的缺省值
AS
    SELECT sno, cno, cgrade
    FROM sc
    WHERE cno=@cnumber    --输入参数的使用方法，把变量@cnumber 赋给 cno 作为查询条件
GO
```

#### 6.1.1.3 执行存储过程

1. 执行带输入参数的存储过程

语法格式为：

```
EXEC procedure_name
[@parameter=]vaule
[,…n]
```

如：执行 subjects_selected 存储过程，分别查询 1 号课程和 2 号课程的选课情况。

```
EXEC subjects_selected @cnumber='1'        -- "@cnumber=" 可省略
```

```
EXEC subjects_selected '2'
```

**★提示：** 存储过程还可以使用一个或多个 OUT 参数将数据返回到调用它的应用程序。

输出参数语法格式为：

```
@parameter data_type [=default ]OUTPUT      --关键字 OUTPUT 用于定义输出参数
```

**【例 6.3】** 创建 xuanke_num 存储过程，要求能根据给出的课号，统计选修了该课程的学生个数。

分析：

（1）要求根据给出的课号，统计相应的信息，需定义输入参数；

（2）跟给出课号对应的选课人数要作出结果返回应该程序，需定义输出参数。

代码如下：

```
IF OBJECT_ID ('xuanke_num', 'P') IS NOT NULL
  DROP PROCEDURE xuanke_num;
CREATE PROCEDURE xuanke_num
@cnumber nvarchar (10), @num smallint OUTPUT
AS
  SET  @num =                          --查询结果赋给输出参数
   (SELECT count (*)
   FROM sc
   WHERE cno=@cnumber)                 --输入参数作为查询条件
PRINT  @num                            --返回输出参数的值
GO
```

2. 执行带输入、输出参数的存储过程

语法格式为：

```
DECLARE@para1  para_data_type,@para2  para_data_type] [OUTPUT][,…]
SET@para1=value
EXEC procedure_name @para1, @para2;
GO
```

**【例 6.4】** 执行存储过程 xuanke_num。

```
DECLARE @cnumber nvarchar (10), @num smallint
SET @cnumber='1'
EXEC xuanke_num @cnumber, @num
```

#### 6.1.1.4　查看存储过程

1. 未加密的存储过程的查看方法

前面创建的三个存储过程，都没有加密，查看创建存储过程的脚本，方法有两个：

（1）SQL Server Management Studio。步骤：展开数据库节点→展开要查看的存储过程所属的数据库→可编程性→存储过程→右击要查看的存储过程→编写存储过程脚本为→CREATE 到→新查询编辑器窗口。

（2）使用 T-SQL 语句。SQL Server 2005 提供了几种系统存储过程和目录视图用于存储过程的信息。使用它们可以查看用于创建存储过程的 T-SQL 语句、存储过程的架构、创建时间及其参数等。

1）查看创建存储过程的 T-SQL 语句：sys.sql_modules、OBJECT_DEFINITION、sp_helptext。

2）查看有关存储过程的其他信息：sys.objects、sys.procedures、sys.parameters、sys.numbered_procedures、sys.numbered_procedure_parameters、sp_help。

3）查看存储过程的依赖关系：sys.sql_dependencies、sp_depends。

4）查看有关扩展存储过程的信息：sp_helpextendproc。

**【例 6.5】** 使用系统存储过程 sp_helptext 查看 selection 存储过程的定义文本。

```
EXEC SP_HELPTEXT'selection';
```

结果如图 6.1 所示。

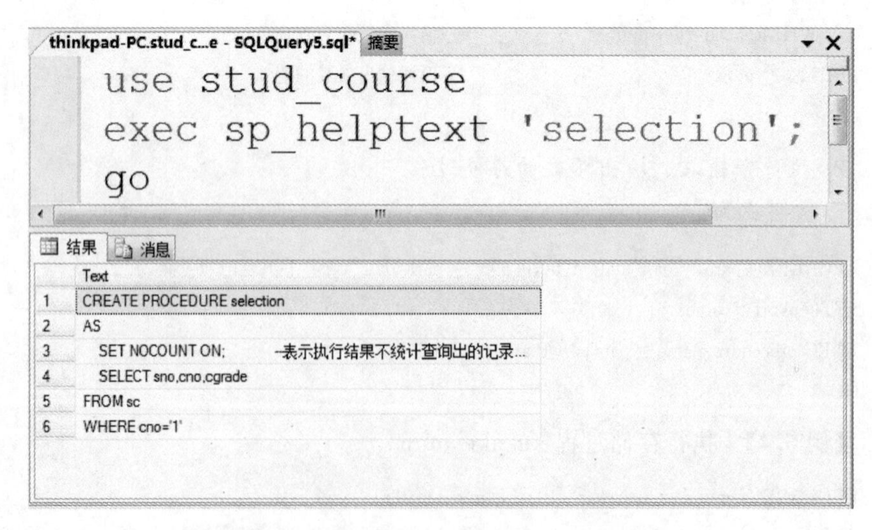


图 6.1　使用系统存储过程 sp_helptext 查看

**【例 6.6】** 使用目录视图 sys. sql_modules 查看 selection 存储过程的定义文本。

```
SELECT definition FROM sys. sql_modules
WHERE object_id = OBJECT_ID ('selection')
```

结果如图 6.2 所示。

图 6.2 使用目录视图 sys. sql_modules 查看

**【例 6.7】** 使用函数 OBJECT_DEFINITION（）查看 selection 存储过程的定义文本。

```
SELECT object_definition (object_id ('selection'));
```

结果如图 6.3 所示。

图 6.3 使用函数 OBJECT_DEFINITION（）查看

OBJECT_DEFINITION 并不适用于所有的数据库对象，具体如表 6.2 所示。

**表 6.2　　函数 OBJECT_DEFINITION 适用的对象类型**

| 对象类型 | 说　明 |
|---|---|
| C | 检查约束 |
| D | 默认值（约束或独立） |
| P | SQL 存储过程 |
| FN | SQL 标量函数 |
| R | 规则 |
| RF | 复制筛选器过程 |
| TR | SQL 触发器（架构范围内的 DML 触发器，或数据库或服务器范围内的 DDL 触发器） |
| IF | SQL 内联表值函数 |
| TF | SQL 表值函数 |
| V | 视图 |

**★提示：** 若创建存储过程时使用了 WITH ENCRYPTION（加密）选项，那么使用 SSMS 和系统存储过程 sp_helptext，都无法查看到存储过程的源代码。

2. 加密的存储过程的查看方法

**【例 6.8】** 重建 selection 存储过程，对文本加密。

代码修改为：

```
IF OBJECT_ID ('selection', 'P') IS NOT NULL
   DROP PROCEDURE selection;
GO
CREATE PROCEDURE selection
WITH ENCRYPTION          --对代码加密
AS
    SET NOCOUNT ON;
    SELECT sno, cno, cgrade
FROM sc
WHERE cno='1'
GO
```

这时发现，在 SSMS 中，selection 存储过程图标的右下角多出上锁标记。

使用 SSMS 查看改存储过程的定义文本，弹出对话框如图 6.4 所示，提示 StoredProcedure" dbo. selection" 失败，原因是该文本已加密。

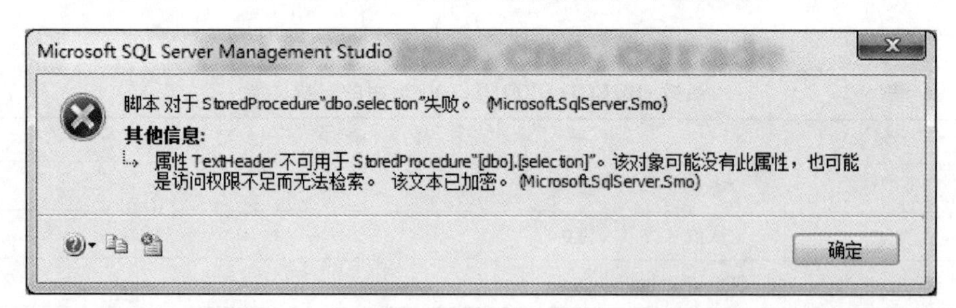


图 6.4　加密后的存储过程无法使用 SSMS 查看

**★提示：** 可以使用目录视图 sys. sql_modules 查看加密的存储过程定义文本。

**【例 6.9】** 使用目录视图 sys. sql_modules 查看 selection 存储过程（已加密）。

代码如下：

```
SELECT * FROM SYS.OBJECTS
WHERE NAME='selection' AND TYPE='p';
```

结果如图 6.5 所示。

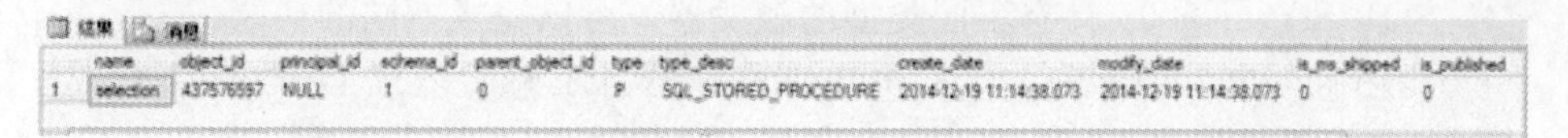

结果 | 消息

|  | name | object_id | principal_id | schema_id | parent_object_id | type | type_desc | create_date | modify_date | is_ms_shipped | is_published |
|---|---|---|---|---|---|---|---|---|---|---|---|
| 1 | selection | 437576597 | NULL | 1 | 0 | P | SQL_STORED_PROCEDURE | 2014-12-19 11:14:38.073 | 2014-12-19 11:14:38.073 | 0 | 0 |

图 6.5 使用目录视图 sys. sql_modules 查看加密的存储过程

#### 6.1.1.5 修改存储过程

使用 T-SQL 语句修改存储过程，语法格式为：

```
ALTER PROC [EDURE] procedure_name
[@parameter data_type [=DEFAULT] [OUTPUT]] [,…,n]
[WITH ENCRYPTION]
[WITH RECOMPILE]
AS
sql_statement
```

**【例 6.10】** 修改 selection 存储过程，指定每次执行都重新编译选项。

```
IF OBJECT_ID ('selection', 'P') IS NOT NULL
   DROP PROCEDURE selection;
GO
ALTER PROCEDURE selection                  --修改存储过程
WITH ENCRYPTION, ENCRYPTION                --代码加密、重新编译
AS
     SET NOCOUNT ON;
     SELECT sno, cno, cgrade
FROM sc
WHERE cno='1'
GO
```

#### 6.1.1.6 删除存储过程

使用 DROP PROC［EDURE］命令。

**【例 6.11】** 使用 T-SQL 语句删除 selection 存储过程。

```
DROP PROC selection;
```

### 6.1.2 触发器

就本质而言，触发器也是一种存储过程，是一种特殊类型的存储过程。二者区别：DBA 可以通过存储过程名对其实行调用，可以接收参数、传递参数；而触发器主要通过 DML 或 DDL 语言事件触发而被执行，不能直接被调用，也不能传递或接受参数。

#### 6.1.2.1　触发器的类型

SQL Server 2005 具有不同类型的触发器，可以完成不同的功能。

按照触发事件的不同，主要包括两大类：DML 触发器和 DDL 触发器。

1．DML 触发器

当数据库中发生数据操作（DML）事件时，将触发 DML 触发器。

DML 事件包括在指定表或视图中修改数据的 INSERT、UPDATE 和 DELETE 语句。DML 触发器可以实施查询操作，还可以包含复杂的 T-SQL 语句。系统将触发器和触发它的语句作为可在触发器内回滚的单个事务对待，如果检测到错误（例如，磁盘空间不足），则整个事务就自动回滚。根据触发时机的不同，DML 触发器又分为两种：

（1）AFTER 触发器。在执行了 INSERT、UPDATE 或 DELETE 语句操作之后才触发的触发器成为 AFTER 触发器。AFTER 触发器不是 SQL Server 2005 新增内容。

该类触发器要求只有执行某一操作（如 INSERT、UPDATE 或 DELETE）之后，触发器才被触发，且只能在表上定义。可以为针对表的同一操作定义多个触发器。

（2）INSTEAD OF 触发器。使用 INSTEAD OF 触发器将代替通常的触发动作。INSTEAD OF 触发器不仅能在表上定义，还可为视图定义，这些触发器能够扩展视图的更新操作。

INSTEAD OF 触发器执行时并不执行触发事件（INSERT、UPDATE、DELETE），而仅执行触发器本身。

**★提示：** 后面讲语法格式时会重点介绍。

2．DDL 触发器

DDL 触发器是 SQL Server 2005 的新增功能。

与 DML 触发器不同，它们不是在响应针对表或视图的 DML 操作时触发，而是在响应数据定义（DDL）语句时激发。这些语句包括 CREATE、ALTER、DROP、GRANT、DENY、REVOKE 和 UPDATE STATISTICS 等语句。

DDL 触发器可用于管理任务，例如审核和控制数据库操作。

触发器的作用域取决于事件。例如，每当数据库中发生 CREATE TABLE 事件时，都会触发为响应 CREATE TABLE 事件创建的 DDL 触发器。每当服务器中发生 CREATE LOGIN 事件时，都会触发为响应 CREATE LOGIN 事件创建的 DDL 触发器。

**★提示：**

（1）服务器作用域的 DDL 触发器显示在 SQL Server Management Studio

对象资源管理器中的“触发器”文件夹中。此文件夹位于“服务器对象”节点下。

(2) 数据库作用域的 DDL 触发器位于 Database Triggers 文件夹中。此文件夹位于相应数据库的“可编程性”节点下。

(3) DDL 触发器仅在允许触发它的 DDL 语句后，才会被触发。DDL 触发器无法作为 INSTEAD OF 触发器使用。

#### 6.1.2.2 创建触发器

SQL Server 2005 提供了两种方法：

1. SQL Server Management Studio

DML 触发器和数据库作用域的 DDL 触发器，在某一具体的数据库中创建，步骤为：

展开数据库节点→展开某一数据库→展开表→右击“触发器”→新建触发器→“查询”菜单→指定模板参数的值→设定参数。

参数包括：Author（创建者），Create Date（创建日期），Description（描述信息），Schema_name（模式名称），Trigger_name（触发器名称），Table_name（表名），Data_Modification_Statements（触发事件）。其中，后三个参数必须设置。

**★提示：** 服务器作用域的 DDL 触发器，需通过 T-SQL 创建。

2. 使用 T-SQL 语句创建 DML 触发器

语法格式为：

```
CREATE TRIGGER [schema_name. ]trigger_name
ON{table|view}
[WITH ENCRYPTION]
{FOR|AFTER|INSTEAD OF} {[INSERT][,][UPDATE][,][DELETE]}   --触发事件
[NOT FOR REPLICATION]
AS
{sql_statement  [;][…n]}              --触发操作,即触发器被触发后将执行的操作
```

参数说明：

- schema_name：DML 触发器所属架构的名称。DML 触发器的作用域是为其创建该触发器的表或视图的架构。
- trigger_name：触发器的名称。每个 trigger_name 必须遵循标识符规则，但 trigger_name 不能以 # 或 ## 开头。
- table|view：创建 DML 触发器的表或视图，有时称为触发器表或触发器视图。可以根据需要指定表或视图的完全限定名称。视图只能被 INSTEAD OF 触发器引用。

- WITH ENCRYPTION：对 CREATE TRIGGER 语句的文本进行加密。使用 WITH ENCRYPTION 可以防止将触发器作为 SQL Server 复制的一部分进行发布。
- AFTER：指定 DML 触发器仅在触发 SQL 语句中指定的所有操作都已成功执行时才被激发。所有的引用级联操作和约束检查也必须在激发此触发器之前成功完成。

如果仅指定 FOR 关键字，则 AFTER 为默认值。不能对视图定义 AFTER 触发器。

- INSTEAD OF：指定 DML 触发器是“代替”触发事件执行，因此其优先级高于触发语句的操作。不能为 DDL 触发器指定 INSTEAD OF。

对于表或视图，每个 INSERT、UPDATE 或 DELETE 语句最多可定义一个 INSTEAD OF 触发器。

INSTEAD OF 触发器不可以用于使用 WITH CHECK OPTION 的可更新视图。如果将 INSTEAD OF 触发器添加到指定了 WITH CHECK OPTION 的可更新视图中，则 SQL Server 将引发错误。用户须用 ALTER VIEW 删除该选项后才能定义 INSTEAD OF 触发器。

- {[DELETE][,][INSERT][,][UPDATE]}：指定触发事件，这些语句对表或视图进行尝试时激活 DML 触发器。必须至少指定一个选项。在触发器定义中允许使用上述选项的任意顺序组合。
- NOT FOR REPLICATION：当复制代理修改涉及触发器的表时，不应执行触发器。
- sql_statement：指定触发操作，触发器被触发之后将执行的操作。

**★提示：** 若是 INSTEAD OF 触发器，触发事件的作用就是触发触发器，而触发事件（INSERT、UPDATE、DELETE）并不执行，二是用 AS 后的 sql_statement（触发操作）代替。

**【例 6.12】** 在数据库“stud_course”中建立测试表“test_table”，创建 DML 触发器“test_trig”，该触发器的功能是：当对表“test_table”实施插入、修改和删除数据时，触发器被触发，自动显示表中的记录。并用相关数据进行测试。

建表、触发器的语句如下：

```
CREATE TABLE test_table                    --创建表 test_table
(t1 int,
 t2 char (10))
GO
CREATE TRIGGER test_trig      --创建触发器 test_trig
```

```
ON test_table
AFTER INSERT, UPDATE, DELETE
AS
  SELECT * FROM test_table
GO
INSERT INTO test_table VALUES (1, '刘德华')                --测试该触发器
--执行结果
```

在消息框中显示“1 行受影响”。

在结果框中显示表“test_table”中的记录：

| t1 | t2 |
|---|---|
| 1 | 刘德华 |

再执行下面的语句：

```
UPDATE test_table SET t2='周杰伦' WHERE t1=1
```

在结果框中显示出表“test_table”中的记录为：

| t1 | t2 |
|---|---|
| 1 | 周杰伦 |

3. 使用 T-SQL 语句创建 DDL 触发器

语法格式为：

```
CREATE TRIGGER trigger_name
ON{ALL SERVER|DATABASE}                              --作用域为服务器级
[WITH ENCRYPTION]
{FOR|AFTER}{event_type|event_group} [,…n]            --触发时机只有后触发
AS
{sql_statement [;][…n]}
```

参数说明：

- ALL SERVER：将 DDL 触发器的作用域应用于当前服务器。如果指定了此参数，则只要当前服务器中的任何位置上出现 event_type 或 event_group，就会激发该触发器。
- DATABASE：将 DDL 触发器的作用域应用于当前数据库。如果指定了此参数，则只要当前数据库中出现 event_type 或 event_group，就会激发该触发器。
- event_type：执行之后将导致激发 DDL 触发器的 T-SQL 语言事件的名称。
- event_group：预定义的 T-SQL 语言事件分组的名称。执行任何属于 event_group 的 T-SQL 语言事件之后，都将激发 DDL 触发器。

【例 6.13】　在数据库“stud_course”中创建 DDL 触发器 safety，防止数据库中的任一表被修改或删除。

```
CREATE TRIGGER safety
ON DATABASE
FOR ALTER_TABLE，DROP_TABLE
AS
  PRINT  '您必须使 safety 触发器无效，才能执行对表的修改或删除操作！'
  ROLLBACK；
GO
--测试触发器：删除表 student
DROP TABLE student；
```

执行结果显示如图 6.6 所示。

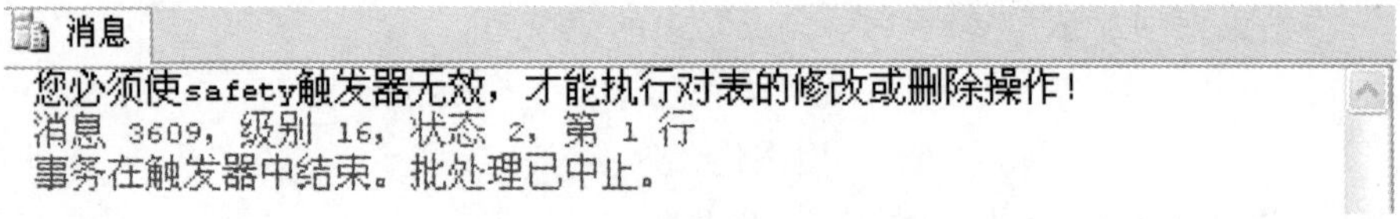

```
消息
您必须使safety触发器无效，才能执行对表的修改或删除操作！
消息 3609，级别 16，状态 2，第 1 行
事务在触发器中结束。批处理已中止。
```

图 6.6　触发器 safety 被触发效果

#### 6.1.2.3　查看触发器

使用系统存储过程可查看触发器的相关信息，一些常用的系统存储过程如表 6.3 所示。

**表 6.3　　常用的查询触发器相关信息的系统存储过程**

| 系统存储过程 | 功 能 说 明 |
| --- | --- |
| sp_help | 了解触发器的一般信息，如：名称、所有者、类型、创建时间等 |
| sp_helptext | 显示触发器的定义文本 |
| sp_depends | 显示对表、视图的依赖情况 |
| sp_helptrigger | 返回指定表中定义的当前数据库的触发器类型 |

【例 6.14】　使用系统存储过程 sp_helptrigger 查看 student 表上创建的触发器的相关信息。

代码和结果如图 6.7 所示。

查询结果集中包含的信息如表 6.4 所示。

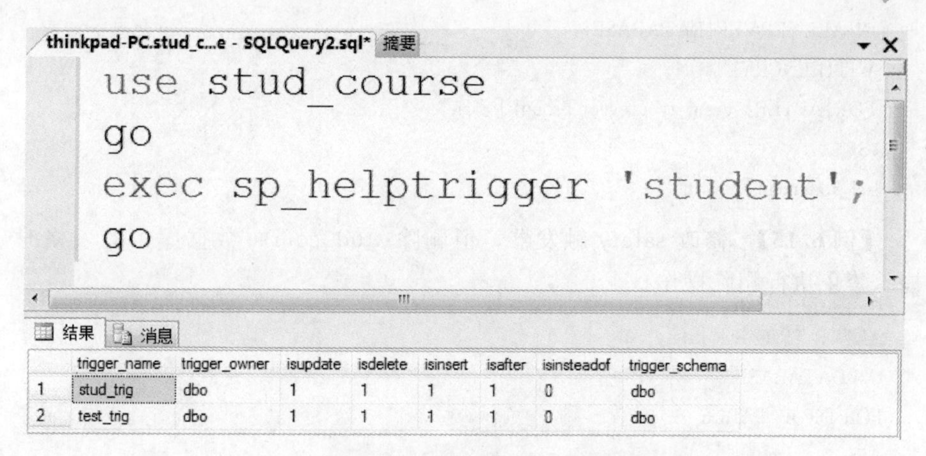


图 6.7 使用系统存储过程 sp_helptrigger 查看触发器相关信息

**表 6.4 使用 sp_helptrigger 查看触发器所显示信息**

| 列名 | 数据类型 | 描 述 |
|---|---|---|
| trigger_name | sysname | 触发器的名称 |
| trigger_owner | sysname | 触发器所有者的名称 |
| isupdate | int | 1= UPDATE 触发器，0= 不是 UPDATE 触发器 |
| isdelete | int | 1= DELETE 触发器，0= 不是 DELETE 触发器 |
| isinsert | int | 1= INSERT 触发器，0= 不是 INSERT 触发器 |
| isafter | int | 1= AFTER 触发器，0= 不是 AFTER 触发器 |
| isinsteadof | int | 1= INSTEAD OF 触发器，0= 不是 INSTEAD OF 触发器 |

### 6.1.2.4 修改触发器

1. 修改 DML 触发器

语法格式为：

```
ALTER TRIGGER [schema_name.]trigger_name
ON{table|view}
[WITH ENCRYPTION]
{FOR|AFTER|INSTEAD OF}{[INSERT][,][UPDATE][,][DELETE]}
[NOT FOR REPLICATION]
AS
{sql_statement[;][…n]}
```

2. 修改 DDL 触发器

语法格式为：

```
ALTER TRIGGER trigger_name
```

```
ON{ALL SERVER|DATABASE}
[WITH ENCRYPTION]
{FOR|AFTER}{event_type|event_group} [,…n]
AS
{sql_statement[;][…n]}
```

**【例 6.15】** 修改 safety 触发器，但删除 stud_course 数据库中的表格时，提示禁止执行删除操作。

```
ALTER TRIGGER safety
ON DATABASE
FOR DROP_TABLE
AS
  PRINT '禁止执行删除操作！'
  ROLLBACK;
GO
```

**6.1.2.5 删除触发器**

使用 DROP TRIGGER 命令。

**6.1.2.6 启用/禁用触发器**

默认情况下，创建触发器后会启用触发器。禁用触发器，该触发器仍然作为对象存在于当前数据库中。但是，当执行编写触发器程序所用的任何 Transact-SQL 语句时，不会激发触发器。

使用 ENABLE TRIGGER 重新启用 DML 和 DDL 触发器。

使用 DISABLE TRIGGER 禁用 DML 和 DDL 触发器，分三种情况：

(1) 禁用 DML 触发器，用户必须至少对为其创建触发器的表或视图具有 ALTER 权限。

(2) 禁用服务器作用域（ON ALL SERVER）中的 DDL 触发器，用户必须对该服务器具有 CONTROL SERVER 权限。

(3) 禁用数据库作用域（ON DATABASE）中的 DDL 触发器，用户必须至少对当前数据库具有 ALTER ANY DATABASE DDL TRIGGER 权限。

禁用触发器的 T-SQL 语法格式为：

```
DISABLE TRIGGER{[schema.]trigger_name [,…n]|ALL}
ON{object_name|DATABASE|ALL SERVER} [;]
```

启用触发器的 T-SQL 语法格式为：

```
ENABLE TRIGGER{[schema_name.]trigger_name [,…n]|ALL}
ON{object_name|DATABASE|ALL SERVER} [;]
```

【例 6.16】 禁用 DDL 触发器“safety”。

```
DISABLE TRIGGER safety
ON DATABASE
```

## 6.2 相关原理

### 6.2.1 数据库安全性

存储过程是一种数据库对象，是多个 SQL 语句和控制语句组成的被封装起来的过程，具有运行速度快、能减少网络流量、模块化程序设计、安全性高等优点。对存储过程的灵活使用可以有效地提高数据库的安全性。

其中，较好的安全机制，体现在 DBA 可以设置哪些用户有操作它们的权限，而不必给予用户直接操作数据库对象的权限。另外，存储过程可以加密，这样用户就无法阅读存储过程中的 T-SQL 语句，对于防止 SQL 注入式攻击非常有效。这样，可达到较完善的安全控制和管理。

### 6.2.2 数据库完整性

SQL Server 2005 提供了两种主要机制来强制执行业务规则和数据完整性：约束和触发器。触发器具有精细和强大的数据控制能力，它比约束更为灵活，可以进行复杂的检查和操作来加强数据库的完整性。

当对某一表进行 DML（INSERT、UPDATE、DELETE）操作或对某种视图的操作，或在数据库中执行 DDL（CREATE、ALTER、DROP）操作时，SQL Server 2005 就会自动执行触发器所定义的 SQL 语句，从而确保对数据的处理必须符合由这些 SQL 语句所定义的规则。触发器的主要作用就是其能够实现由主键和外键所不能保证的复杂的参照完整性和数据的一致性。

1. DML 触发器

在保证数据完整性方面，与约束比较如下：

(1) 相对 CHECK 约束，触发器可以实现更为复杂的其他限制。DML 触发器可以防止恶意或错误的 INSERT、UPDATE 以及 DELETE 操作。另外 CHECK 约束只能根据逻辑表达式或同一表中的另一列来验证列值；如果应用程序要求根据另一个表中的列验证列值，则必须使用 DML 触发器。

(2) 比较数据库修改前后数据的状态。触发器提供了访问由 INSERT、UPDATE 或 DELETE 语句引起的数据变化前后状态的能力。因此用户就可以在触发器中引用由于修改所影响的记录行。

(3) 一个表中的多个同类 DML 触发器（INSERT、UPDATE 或 DELETE）允许采取多个不同的操作来响应同一个修改语句。

★提示：并不是所有的情况下触发器都比约束灵活，比如：要实现表级联更改，可通过完整性约束实现，也可通过触发器实现，但使用完整性约束更简单有效。

2. DDL 触发器

保证数据安全性和完整性，体现如下：

（1）禁止用户修改和删除表。

（2）禁止用户删除数据库。

（3）记录和监控某数据库所有的 DDL 操作。

（4）把 DDL 操作信息以邮件的形式主动发送通知和预警。

# 第7章　数据库安全与恢复技术

数据库的安全性是指保护数据库以防止不合法的使用所造成的数据泄露、更改或破坏。安全性问题不是数据库系统所独有的，所有计算机系统都存在这个问题。由于数据库系统是大量数据集中存放的地方，且为许多用户直接共享，安全性问题显得尤为突出。

SQL Server 2005 DBMS 提供统一的数据保护功能来保证数据的安全可靠和正确有效。数据库的保护功能主要包括数据的安全性和完整性。

## 7.1　应用技术

DBA 若要对数据库中数据进行操作，需经过三层认证：操作系统、SQL Server 服务器和数据库，逐层递进。即首先登录操作系统，然后使用某种身份验证模式登录 SQL Server 服务器，最后还需具有访问一具体数据库对象的访问权限。层次结构如图 7.1 所示。

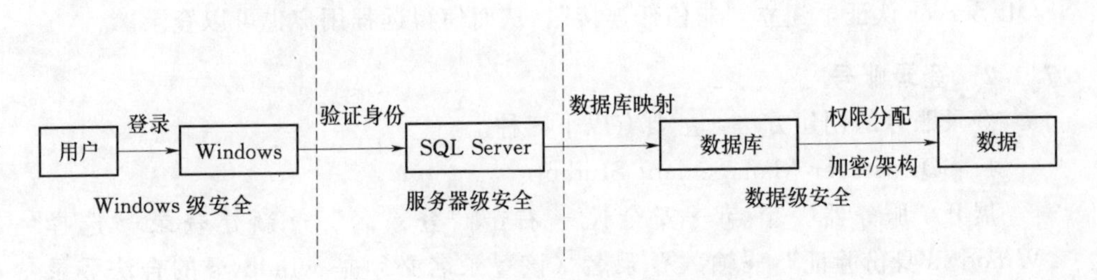


图 7.1　SQL Server 2005 安全结构

本章讨论 SQL Server 2005 服务器级的安全和数据级安全，介绍如何登录 SQL Server 2005 服务器、设置用户和角色、权限管理、数据加密、数据库的备用与还原等内容。

### 7.1.1　安全认证模式

SQL Server 2005 提供了两种身份验证模式。

1. Windows 身份验证模式

Windows 身份验证模式会启用 Windows 身份验证并禁用 SQL Server 身份验证。

2. SQL Server 和 Windows 身份验证模式

混合模式会同时启用 Windows 身份验证和 SQL Server 身份验证。

**★提示:** 两种认证模式的区别如下:

主要集中在信任连接和非信任连接。

(1) 若安装过程中选择 Windows 身份验证，则安装程序会为 SQL Server 身份验证创建 sa 账户，但会禁用该账户。安装结束后可根据实际需要更改认证模式。

(2) 若安装过程中选择混合模式身份验证，则必须为名为 sa 的内置 SQL Server 系统管理员账户提供一个强密码并确认该密码。sa 账户通过使用 SQL Server 身份验证进行连接。

(3) 由于 sa 账户是内置的管理员账号，广为人知，经常成为恶意用户的攻击目标，因此除非应用程序需要使用 sa 账户，否则请慎重启用该账户。切勿为 sa 账户设置空密码或弱密码。

(4) Windows 身份验证相对于混合模式更加安全，使用本连接模式时候，sql 不判断 sa 密码，而仅根据用户的 Windows 权限来进行身份验证，被称为"信任连接"。

(5) 对于混合模式验证，当本地用户访问 SQL Server 时采用 Windows 身份验证建立信任连接，当远程用户访问时由于未通过 Windows 认证，而进行 SQL Server 认证，建立"非信任连接"，从而使得远程用户也可以登录。

### 7.1.2 登录账号

登录账号的创建方法，主要有以下三种。

1. SQL Server Management Studio

展开"服务器"节点→安全性→右击"登录名"→新建登录→选择"Windows 身份验证"→输入登录名(该登录名必须是 windows 的合法登录名)→对 Windows 系统切换用户，用新建的登录名登录操作系统→用 Windows 身份验证模式登录 SQL Server 服务器。

2. 使用 T-SQL 语句

语法格式如下:

```
CREATE LOGIN [Domain/User] FROM WINDOWS                //Windows 验证的登录账号
CREATE LOGIN login_name WITH PASSWORD='password'//SQL Server 验证的登录账号
```

**【例 7.1】** 使用 T-SQL 语句创建 SQL Server 身份验证的登录账号"testUser”，密码为“123456”。

```
CREATE LOGIN testUser WITH PASSWORD='123456';
GO
```

3. 使用系统存储过程 sp_addlog 创建登录名

语法格式如下：

```
EXEC sp_addlogin [@loginame=]'login'[,[@passwd=]'password']
[,[@defdb=]'database'][,[@deflanguage=]'language'][,[@sid =]sid]
[,[@encryptopt= ]'encryption_option']
```

参数说明：

@loginame 为登录账号，@passwd 为登录密码，@defdb 为默认登录的数据库，@deflanguage 为使用的语言，@sid 为安全标示号，@encryptopt 为是否把密码加密存储。

**【例 7.2】** 通过存储过程创建数据库登录账号“testUser2”，密码为“123456”。

```
sp_addlogin @loginame='testuser2', @passwd='123456'
```

或

```
sp_addlogin'testUser2', '123456'
```

4. 删除登录账号

```
DROP LOGIN loginame;
EXEC sp_droplogin'loginame';
```

登录账号只是完成服务器的连接工作，一旦登录连接成功，还要拥有对应权限的数据库的用户账号，才可访问相应的数据库。登录账号、数据库用户和权限的关系如图 7.2 所示。

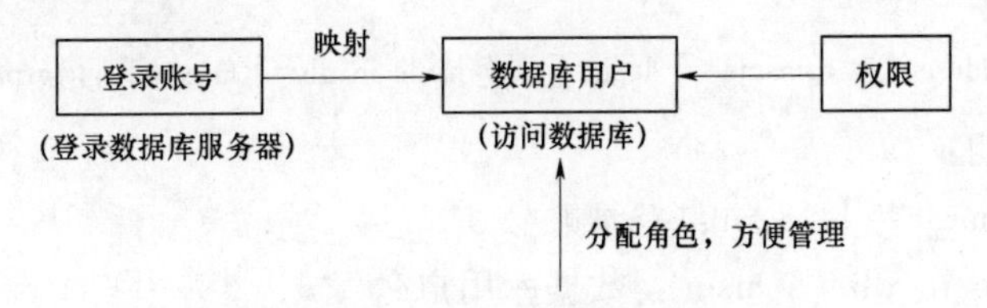


图 7.2 登录账号、数据库用户和权限三者关系图

**★提示：** 登录账号与数据库用户二者关系：

(1) 当登录名映射为某个用户名后，才能访问数据库。

(2) 当登录名没有人为地映射到一个用户名上时，如果数据库中存在 Guest 用户，则自动映射到 Guest 用户，并获得相应的数据库访问权限。

（3）一个登录账户对应一个数据库用户，而一个数据库用户可与多个登录账号相对于（SQL Server 2005 新特点）。

### 7.1.3　数据库用户

数据库用户的创建方法有以下三种。

1. SQL Server Management Studio

展开某一数据库→安全性→右击“用户”→新建用户→输入用户名，选择与之对应的登录名。

2. 使用 T-SQL 语句

向当前数据库添加用户，有 11 种类型，其中最常见的一种是基于 master 数据库中登录账号的用户。语法格式如下：

```
CREATE USER user_name
    [{FOR|FROM} LOGIN login_name]
    [WITH DEFAULT_SCHEMA = schema_name][;]
```

参数说明：

user_name：创建的数据库用户的名称。

login_name：指定要为其创建数据库用户的登录名。login_name 必须是服务器中的有效登录名。

schema_name：服务器为此数据库用户解析对象名时将搜索的第一个架构。

**【例 7.3】**　创建数据库用户 test_dbuser，并与登录账号 testUser 关联。

```
CREATE USER test_dbuser FOR LOGIN testuser;
GO
```

3. 使用系统存储过程 sp_addlog 创建登录名

语法格式如下：

```
EXEC sp_adduser [@loginame=] 'login' [, [@name_in_db=] 'user'] [,[@grpname=] 'role']
```

参数说明：

[@loginame=] 'login'：登录账号

[@name_in_db=] 'user'：数据库用户名

[@grpname=] 'role'：数据库用户的角色

**【例 7.4】**　通过存储过程建立数据库用户“test_dbuser”，并与登录账号 testUser2 关联。

```
EXEC sp_adduser 'testUser2',     'test_dbuser'
GO
```

4. 删除数据库用户

```
DROP USER username;
EXEC sp_dropuser username;
```

为方便管理，可将数据库用户分成不同的角色，每一种角色包含若干相同类型的用户。通过角色设置用户权限时，工作可大大简化。为角色分配权限后，属于该角色的成员自动继承该角色拥有的权限，不需再为每个用户分别设置权限。

### 7.1.4 角色

SQL Server 2005 中存在的角色有三种：服务器角色、数据库角色和应用程序角色。服务器角色可分配给登录账号；而数据库角色、应用程序角色可分配给数据库用户。

角色的创建方法有以下三种。

1. SQL Server Management Studio

以数据库角色为例：

展开某一数据库→安全性→角色→右击“数据库角色”→新建数据库角色→填写角色名称→添加角色成员。

2. 使用 T-SQL 语句

语法格式为：

```
CREATE ROLE role_name [AUTHORIZATION owner_name ]
```

参数说明：

role_name：待创建角色的名称。

owner_name：将拥有新角色的数据库用户或角色。如果未指定用户，则执行 CREATE ROLE 的用户将拥有该角色。

**【例 7.5】** 通过 T-SQL 建立数据库角色“testRole”。

```
CREATE ROLE Testrole
GO
```

3. 使用系统存储过程 sp_addrole 创建角色

语法格式为：

```
EXEC sp_addrole [@rolename=] 'role' [, [@ownername=] 'owner']
```

向角色中增加成员的存储过程是 sp_addrolemember，其语法如下：

```
EXEC sp_addrolemember [@rolename=]'role',[@membername=]'security_account'
```

**【例 7.6】** 通过存储过程，向数据库角色“testRole”中增加用户“testUser”。

新建查询窗口，输入以下代码即可：

```
EXEC sp_addrolemember 'testRole', 'testUser'
GO
```

### 7.1.5　权限管理

数据库用户登录数据库后，还需为其分配对数据库对象进行操作的权限。

能够设置的权限主要分三类：对象权限、语句权限和预定义权限。

对象权限主要是对特定的数据库对象的操作，包括数据库、表、试图和存储过程等。对象权限决定了用户或者角色能对这些对象执行的操作。只有具备了相应的操作权限，才可对对象执行操作。对象的操作权限和作用的数据库对象如表 7.1 所示。

表 7.1　　对　象　权　限

| 操作权限 | 数据库对象 |
| --- | --- |
| INSERT | 表、视图 |
| SELECT | 表、视图、列 |
| UPDATE | 表、视图、列 |
| DELETE | 表、视图 |
| REFERENCE | 表 |
| EXECUTE | 存储过程 |

语句权限是指对创建数据库或者创建数据库中的其他内容所需的权限类型。具体讲，主要包括：BACKUP DATABASE、BACKUP LOG、CREATE DATABASE、CREATE FUNCTION CREATE PROCEDURE 等。这些语句虽然也包括操作的对象，但是这些对象在执行该语句之前并不存在于数据库中，因此，语句权限是针对某个 SQL 语句的，而不是数据库中已经存在的特定对象。

预定义权限则是一种隐含权限，是指系统安装后有些用户或者角色不必授权，就有的权限。在 SQL Server 2005 中，数据库对象的所有者和服务器固定的角色均具有隐含权限，可以对所拥有的对象执行一切活动。

数据库用户获取权限的方式有两种：直接给用户分配权限；以角色成员的身份间接从角色获取。

具体的权限设置有以下三种。

#### 7.1.5.1　授予权限

1. SQL Server Management Studio

展开某一数据库→安全性→用户→右击需设置权限的用户→属性→“安全

对象”选项页→点击“添加”按钮→选择“特定对象”→对象类型→浏览→在“显示权限”栏设置权限。还可点击“列权限”按钮进行粒度级的设置。

2. 使用 T-SQL 语句

授予权限是通过 GRANT 语句来完成的。GRANT 的语法如下：

```
GRANT[ALL [PRIVILEGES ]]
        |permission [(column [,…n ])][,…n]
        [ON [class ::]securable]TO principal [,…n]
        [WITH GRANT OPTION][AS principal]
```

GRANT 语句的完整语法非常复杂。上面的语法是经过了简化的语法结构，以突出说明其结构，参数说明如下：

（1）ALL：如果是语句权限，则 ALL 指的是 BACKUP DATABASE、BACKUP LOG、CREATE DATABASE、CREATE DEFAULT、CREATE FUNCTION、CREATE PROCEDURE、CREATE RULE、CREATE TABLE 和 CREATE VIEW。如果是对象权限，则 ALL 指 DELETE、INSERT、REFERENCES、SELECT、EXECUTE 和 UPDATE。

（2）PRIVILEGES：包含此参数以符合 SQL－92 标准。请不要更改 ALL 的行为。

（3）permission：权限的名称。下面列出的子主题介绍了不同权限与安全对象之间的有效映射。

（4）column：指定表中将授予其权限的列的名称。需要使用括号“()”。

（5）class：指定将授予其权限的安全对象的类。需要范围限定符“::”。

（6）securable：指定将授予其权限的安全对象。

（7）TO principal：主体的名称。可为其授予安全对象权限的主体随安全对象而异。有关有效的组合，请参阅下面列出的子主题。

（8）WITH GRANT OPTION：指示被授权者在获得指定权限的同时还可以将指定权限授予其他主体。

（9）AS principal：指定一个主体，执行该查询的主体从该主体获得授予该权限的权利。主体可能是用户、角色和组。

**【例 7.7】** 通过 T-SQL 授予用户“test_dbuser”建立数据库和建立表的权限。

如果没有 user1 用户，则应该先增加该用户，这里假定已经存在该用户。

```
USE master
GO
GRANT CREATE DATABASE, CREATE TABLE TO test_dbuser
GO
```

【例 7.8】 通过 T-SQL 授予用户“test_dbuser2”、“test_dbuser3”查询表 course 的权限，授予“test_dbuser2”修改表 course 中 cname 列的权限。

```
USE stud_course
GO
GRANT SELECT ON course to test_dbuser2，test_dbuser3
GO
GRANT UPDATE (cname) ON course TO test_dbuser2
GO
```

#### 7.1.5.2　撤销权限

撤销权限使用 REVOKE，语法格式为：

```
REVOKE [GRANT OPTION FOR]
        [ALL [PRIVILEGES]]
        |permission [(column [,…n])][,…n]
        [ON[class ::]securable]
        {TO|FROM} principal [,…n]
        [CASCADE] [AS principal]
```

参数说明：

（1）GRANT OPTION FOR：指示将撤销授予指定权限的能力。在使用 CASCADE 参数时，需要具备该功能。

（2）TO|FROM principal：主体的名称。可撤销其对安全对象的权限的主体随安全对象而异。有关有效组合的详细信息，请参阅本主题后面的特定于安全对象的语法部分所列出的主题。

（3）CASCADE：指示当前正在撤销的权限也将从其他被该主体授权的主体中撤销。使用 CASCADE 参数时，还必须同时指定 GRANT OPTION FOR 参数。

（4）AS principal：指定一个主体，执行该查询的主体从该主体获得撤销该权限的权利。

【例 7.9】 撤销用户“test_dbuser2”修改表 course 中 cname 列的权限。

```
USE stud_course
REVOKE UPDATE (cname) on course FROM test_dbuser2;
GO
```

#### 7.1.5.3　拒绝权限

拒绝权限比撤销权限拥有更高的优先级，即只要指定一个对象拒绝某用户或者角色访问，那么，既是该用户被明确授予这种权限，仍不允许执行相应的操作。拒绝权限使用 DENY，DENY 语句可用于防止主体通过 GRANT 获得特定权限。

DENY 的语法格式为：

```
DENY[ALL [PRIVILEGES]]
        |permission [(column [,…n ])][,…n ]
        [ON [class ::]securable]TO principal [,…n]
        [CASCADE] [AS principal ]
```

授予权限将删除对所指定安全对象相应权限的 DENY 或 REVOKE 功能。如果在包含该安全对象的更高级别拒绝了相同的权限，则 DENY 优先。但是，在更高级别撤销已授予权限的操作并不优先。

**【例 7.10】** 通过 T-SQL 拒绝用户“test_dbuser2”“test_dbuser3”创建数据库和创建表的语句权限。

```
USE master
DENY CREATE DATABASE, CREATE TABLE
TO test_dbuser2, test_dbuser3
GO
```

#### 7.1.5.4 创建数据库模式的权限

对数据库模式的授权则由 DBA 在创建用户时实现。

语法格式为：

```
CREATE USER username
[WITH][DBA|RESOURCE|CONNECT];
```

说明如下：

(1) 只有系统的超级管理员才有权限创建一个新的数据库用户。

(2) 新创建的数据库用户有三种权限：CONNECT、RESOURCE 和 DBA。

(3) CREATE USER 命令中如果没有指定创建的新用户的权限，默认该用户拥有 CONNECT 权限，只能登录数据库。

(4) 拥有 RESOURCE 权限的用户能创建基本表和视图，成为所创建对象的属主。但不能创建模式，不能创建新的用户。数据库对象的属主可以使用 GRANT 将该对象上的存取权限授予其他用户。

(5) 拥有 DBA 权限的用户是系统中的超级用户，可以创建新的用户、创建模式、创建基本表和视图等。DBA 拥有对所有数据库对象的存取权限，还可以把这些权限授予一般用户。

给角色授权、撤销权限、拒绝权限与用户类似，请读者自行练习。

### 7.1.6　数据加密

SQL Server 2005 之前的版本不提供内部数据加密功能，很多敏感数据若需要加密，一般都将借助于第三方工具来完成。SQL Server 2005 则使得这一问题变得简单，它已经提供了内部加密方法，该功能除了提供多层次的密钥和丰富的加密算法外，最大的好处是用户可以选择数据服务器管理密钥，加密方法简单、易用、稳定。SQL Server 2005 服务器支持的加密算法有：

（1）对称式加密（Symmetric Key Encryption）。对称式加密方式对加密和解密使用相同的密钥。通常，这种加密方式在应用中难以实施，因为用同一种安全方式共享密钥很难。但当数据储存在 SQL Server 中时，这种方式很理想，你可以让服务器管理它。SQL Server 2005 提供 RC4、RC2、DES 和 AES 系列加密算法。

（2）非对称密钥加密（Asymmetric Key Encryption）。非对称密钥加密使用一组公共/私人密钥系统，加密时使用一种密钥，解密时使用另一种密钥。公共密钥可以广泛的共享和透露。当需要用加密方式向服务器外部传送数据时，这种加密方式更方便。SQL Server 2005 支持 RSA 加密算法以及 512 位、1024 位和 2048 位的密钥强度。

（3）数字证书（Certificate）。数字证书是非对称加密的一种方式。证书是一个数字签名的安全对象，它将公钥绑定到持有相应私钥的用户、设备或服务上，认证机构负责颁发和签署证书，一个机构可以使用证书并通过数字签名将一组公钥和私钥与其拥有者相关联。一个机构可以对 SQL Server 2005 使用外部生成的证书，或者可以使用 SQL Server 2005 自己生成的证书。

*1. 数据加密层次结构*

SQL Server 2005 采用多级密钥来保护它内部的密钥和数据，如图 7.3 所示。图中服务主密钥用以保护数据库主密钥，而数据库主密钥用以保护数字证书和非对称密钥，位于底层的对称密钥则被数字证书和非对称密钥保护，也可以用来保护对称密钥，图中的圆形箭头用以说明这一点。

服务主密钥是在安装 SQL Server 2005 实例的时候系统自动生成的一个对称密钥，通过它数据库引擎来加密连接服务器的密码、连接字符串、账号凭证以及所有的数据库主密钥。可以通过 BACKUP SERVICE MASTER KEY 语句将服务主密钥备份起来，语法如下：

```
BACKUP SERVICE MASTER KEY TO FILE ='path_to_file'
ENCRYPTION BY PASSWORD ='password';
```

FILE 用来指定备份文件的名称，ENCRYPTION 用来指定加密文件的密码。

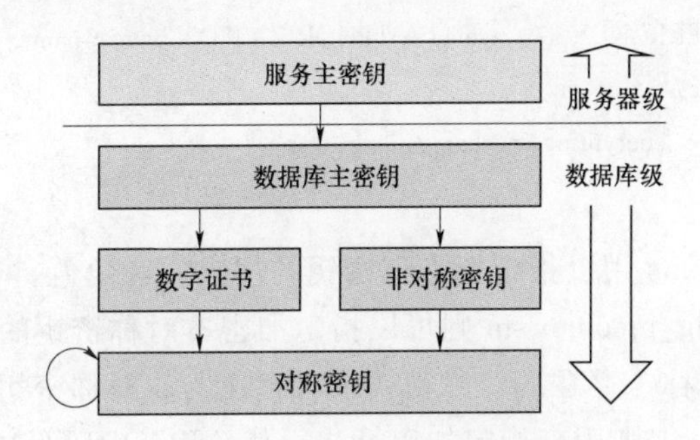


图 7.3 数据加密层次结构

**【例 7.11】** 将服务主密钥备份到“c:\pw.txt”文件中，且加密密码为“123456”，则备份语句为：

```
BACKUP SERVICE MASTER KEY TO FILE ='c:\pw.txt'
ENCRYPTION BY PASSWORD ='123456';
```

还原服务主密码的语句为 RESTORE SERVICE MASTER KEY，语法为：

```
RESTORE SERVICE MASTER KEY FROM FILE ='path_to_file'
DECRYPTION BY PASSWORD ='password' [FORCE]
```

FILE 用来指定存储服务主密钥文件的名称，ENCRYPTION 用来指定解密文件的密码，FORCE 用来强制替换现有的服务主密码。

加密层次的下一层是数据库级的数据库主密钥，这是一个可选的对称加密密钥，用来加密数据库中的证书和密钥，创建数据库主密钥的方法是：

```
CREATE MASTER KEY ENCRYPTION BY PASSWORD ='password'
```

运行该语句必须取得相应数据库的 CONTROL 权限，一旦数据库主密钥建立，则该密钥的一个副本被存储到 master 数据库中，并利用服务主密钥对该密钥加密，同时将该密钥的另外一个副本保存在数据库中，用密钥进行加密。

**【例 7.12】** 对“stud_course”数据库建立数据库主密钥：

```
USE stud_course
CREATE MASTER KEY ENCRYPTION BY PASSWORD ='123456'
GO
```

SQL Server 2005 加密层次的下一层是对数据加密，在这一级中有两种加密方法选择，一个是对称加密，另外一个是非对称加密。前者加解密速度快，常用与加解密常用的数据，要使用对称加密，则先建立对称加密的密钥，语法格式为：

```
CREATE SYMMETRIC KEY key_name [AUTHORIZATION owner_name]
WITH <key_options> [,… n]
ENCRYPTION BY <encrypting_mechanism> [,… n]
```

参数说明：

（1）owner_name 用以指定拥有该密钥的用户或者角色。

（2）encrypting_mechanism 则可以指定加密本对称密钥的方法，可以是密码、存在的证书名称、存在的对称密钥或者存在的非对称密钥。

（3）key_options 则用来指定加密算法，如 ALGORITHM ＝DES。

建立非对称加密密钥语法格式：

```
CREATE ASYMMETRIC KEY Asym_Key_Name
WITH ALGORITHM = {RSA_512 | RSA_1024 | RSA_2048}
ENCRYPTION BY PASSWORD ='password'
```

其中 ALGORITHM 用来指定加密算法。

还可以通过相应的 ALTER 语句来修改已经建立的对称密钥和非对称密钥，密钥建立后，对于对称加密可以使用 EncryptByKey 函数进行加密，用 DecryptByKey 函数解密，这些函数以加密的数据和密钥为参数，返回加密后的数据。对于非对称加密则使用 EncryptByAsmKey 函数和 DecryptByAsmKey 函数。

在数据级加密的层次中，还有一个加密强度最强的数字证书，它遵循 X.509 标准并支持 X.509 V1 字段。数字证书虽然非常安全，但是相对加密的开销较大，创建证书的语法格式为：

```
CREATE CERTIFICATE certificate_name
WITH SUBJECT ='certificate_subject_name'
START_DATE ='mm/dd/yyyy'|EXPIRY_DATE ='mm/dd/yyyy'
```

SUBJECT ＝'certificate_subject_name' 则是根据 X.509 标准中的定义，术语“主题”是指证书的元数据中的字段。主题的长度最多可以为 4096 个字节。将主题存储到目录中时，如果主题的长度超过 4096 个字节，则主题会被截断，但是包含证书的二进制大型对象（BLOB）将保留完整的主题名称。START_DATE 和 EXPIRY_DATE 则分别是证书开始日期和过期日期。

利用证书加解密数据则使用函数 EncryptByCert 和 DecryptByCert，这两个函数的用法和 EncryptByKey、DecryptByKey 是类似的。

2. *加密和解密数据*

对数据加密的最常见用法是加密数据列，一般步骤为：

（1）创建数据库主密钥。

（2）创建用于加密的对称密钥，当然也可以是非对称密钥，前者效率更高。

（3）打开对称密钥，利用加密函数对数据加密。

（4）关闭打开的对称密钥或者非对称密钥。

解密的过程是先打开对称密钥或者非对称密钥，利用解密函数解密数据列，最后再关闭打开的密钥。

**【例 7.13】** 假如数据库“stud_course”的表“student”中存在列 sno、sname、sgender、sage、sdept、cardNo，其中 cardNo 是“校园一卡通账号”列，现在需要加密 cardNo 数据；同时有用户 User1，拥有对称密钥，并且拥有相应的表 student 的操作权限，现在 User1 利用对称密钥加密。

（1）打开 SQL Server Management Studio，展开“对象资源浏览器”→“stud_course”库→点击“新建查询”。

（2）建立数据库主密钥，输入以下语句：

```
CREATE MASTER KEY ENCRYPTION BY PASSWORD ='123456'
```

（3）创建数字证书，这里我们利用数字证书来加密 User 的对称密钥，输入以下语句：

```
CREATE CERTIFICATE User1_Cert
    AUTHORIZATION User1
    WITH SUBJECT ='Student Information',
    START_DATE ='12/1/2010',
    EXPIRY_DATE ='4/30/2011'
```

（4）如果 User1 没有对称密钥则建立，如果存在则跳过这一步，输入以下语句为 User1 用户建立对称密钥：

```
CREATE SYMMETRIC KEY   Key_User1
AUTHORIZATION User1
WITH ALGORITHM = TRIPLE_DES
ENCRYPTION BY CERTIFICATE User1_Cert      -- 利用数字证书加密对称密钥
```

（5）以 User1 的身份登录，并打开刚刚建立的对称密钥：

```
EXECUTE AS LOGIN ='User1'
OPEN SYMMETRIC KEY Key_User1 DECRYPTION BY CERTIFICATE User1_Cert
```

（6）对数据列加密，这里我们插入一个新的学生信息，学号为 2010005，姓名为马三丰，性别为男，年龄 21，所在系 CS（计算机科学系），卡号为 20100051378690，加密卡号，输入以下语句：

```
Insert into student values ('2010005', '马三丰', '男', '21', 'CS', EncryptByKey (KEY_GUID
('Key_User1'), '20100051378690'))
```

(7) 关闭打开的对称密钥。

```
CLOSE SYMMETRIC KEY Key_User1
```

如果需要解密，则使用 DecryptByKey 函数即可，这里我们查询刚刚插入的学生记录，SQL 语句如下：

```
OPEN SYMMETRIC KEY Key_User1 DECRYPTION BY CERTIFICATE User1_Cert
select cast (DecryptByKey (cardNo) as char) from student where sno='2010005'
CLOSE SYMMETRIC KEY Key_User1
```

★提示：解密之前要打开对称密钥，否则无法解密。

### 7.1.7 数据库的备份与还原

1. 概述

Microsoft SQL Server 2005 提供了高性能的备份和还原机制。数据库备份可以创建备份完成时数据库内存在的数据的副本，这个副本能在遇到故障时恢复数据库。

这些故障包括：媒体故障，硬件故障，用户操作错误，自然灾害等。数据库备份对于例行的工作（例如，将数据库从一台服务器复制到另一台服务器、设置数据库镜像）也很有用。

对 SQL Server 数据库或事务日志进行备份时，数据库备份记录了在进行备份这一操作时数据库中所有数据的状态，以便在数据库遭到破坏时能够及时地将其恢复。SQL Server 备份数据库是动态的，在进行数据库备份时，SQL Server 允许其他用户继续对数据库进行操作。

**表 7.2　SQL Server 2005 备份类型**

| 备份类型 | 描　述 |
|---|---|
| 完整备份 | 完整备份包含所有数据文件和部分事务日志 |
| 事务日志备份 | 所有数据库更改 |
| 差异备份 | 备份上一次完整数据库备份之后被更改的数据库部分 |
| 文件或文件组备份 | 制定的文件或文件组（大型数据库完整备份不可取） |

其中，完整数据库备份策略：

(1) 以下情况应采用完整数据库备份：

1) 数据库较小。

2) 数据库具有很少的数据修改操作或是只读数据库时。

(2) 如果采用完整数据库备份，则要定期清除事务日志。

数据库和事务日志备份策略：

使用数据库和事务日志备份策略的场合：

1）修改频繁的数据库。

2）完整备份耗时太长。

增量（差异）备份策略：

（1）使用差异备份策略的场合：

1）数据库频繁修改。

2）需要进行最小化备份时。

（2）单独备份事务日志。

文件或文件组备份策略：

（1）使用文件或文件组备份策略的场合：

1）超大型数据库。

2）完整备份时间太长。

（2）单独备份事务日志。

（3）可能管理比较复杂。

三种恢复模式的特点：

（1）简单恢复模式：指不备份事务日志，且使用的事务日志空间最小，通常仅用于测试和开发数据库或包含的大部分数据为只读的数据库。

（2）完整恢复模式：指包括数据库备份和事务日志备份，并提供全面保护，使数据库免受媒体故障影响，可在最大范围内防止出现故障时丢失数据。

（3）大容量日志恢复模式：指只对大容量操作进行最小记录。大容量日志恢复模式保护大容量操作不受媒体故障的危害，提供最佳性能并占用最小日志空间。

与完整恢复模式或大容量日志恢复模式相比，简单恢复模式更容易管理，但如果数据文件损坏，出现数据丢失的风险更高。与简单恢复模式相比，完整恢复模式和大容量日志恢复模式向数据提供更多的保护。

**表 7.3　　恢复模式中包含的备份类型**

| 恢复模式 | 描　述 |
| --- | --- |
| 简单恢复模式 | 数据库的完整或差异副本截断事务日志 |
| 完整恢复模式 | 包括数据库备份和事务日志备份 |
| 大容量日志恢复 | 包括数据库和事务日志备份，但使用较少的日志空间 |

2. 恢复模式的设置

（1）使用 SQL Server Management Studio。展开某一数据库节点→右击该数据库名称→选择“属性”→打开“数据库属性”对话框→“选项”选项页→

恢复模式。如图 7.4 所示。

（2）使用 T-SQL 语句。使用 ALTER DABASE 语句来修改数据库的恢复模式，语法格式为：

```
ALTER DATABASE <database_name>
SET RECOVERY{FULL|BULK_LOGGED|SIMPLE}
```

参数说明：

1）database_name 参数是要修改的数据库的名称。

2）FULL、BULK_LOGGED、SIMPLE 是可供选择的 3 种数据库的恢复模式：FULL 是完整恢复模式，BULK_LOGGED 是大容量日志恢复模式，SIMPLE 是简单恢复模式。

**【例 7.14】** 使用 T-SQL 语句把“stud_course”数据库的恢复模式修改成简单恢复模式：

```
ALTER   DATABASE   stud_course
SET   RECOVERY   SIMPLE
GO
```

3. 数据库备份

（1）SQL Server Management Studio。

1）新建备份设备。展开服务器节点→右击“备份设备”→新建“备份设备”→设置“设备名称”→选择“目标”。

2）备份数据库。展开数据库节点→右击需备份的数据库→任务→备份→选择备份类型→添加“备份目标”→备份设备。

（2）使用 T-SQL 语句。语法格式为：

```
BACKUP DATABASE <database_name> TO <backup-device>
```

参数说明：

1）database_name：要备份的数据名称。

2）backup-device：备份设备的逻辑名称。一般情况下，要先利用 sp_addumpdevice 创建备份设备，然后利用 BACKUP DATABASE 备份数据库。

**【例 7.15】** 使用 T-SQL 语句备份“stud_course”数据库。

（1）创建备份设备。

```
USE stud_course;
GO
EXEC sp_addumpdevice 'disk','stud_course_device','c:\stud_course.bak'
GO
```

说明：

disk 表示是磁盘备份设备；

stud_course_device 是逻辑设备名称；

c:\stud_course.bak 是物理设备，即完整的存储路径，刚开始，stud_course.bak 文件大小为 0kB。

(2) 执行数据库备份。

```
USE stud_course
GO
BACKUP DATABASE stud_course TO stud_course_device;
GO
```

执行以上代码，将备份数据追加到备份设备"stud_course_device"中，查看'c:\stud_course.bak'将发现文件大小已经改变。

**【例 7.16】** 创建一个以 AdventureWorksBack 命名的备份设备，并执行完整数据库备份。

步骤：

(1) 创建一个名为 AdventureWorksBack 的命名备份设备。

(2) 设备存储在 D:\MyBachupDir 目录下。

(3) 执行一个完整的数据库备份已备份到 AdventureWorksBack 文件中。

T-SQL 代码：

```
USE AdventureWorks
EXEC sp_addumpdevice 'disk','AdventureWorksBack',
'D:\MyBachupDir \AdventureWorksBack. bak'
BACKUP DATABASE AdventureWorks TO AdventureWorksBack
GO
```

4. 数据库还原

数据库备份后，一旦系统发生崩溃或者执行了错误的数据库操作，就可以从备份文件中还原数据库。

数据库还原是指将数据库备份加载到系统中的过程。系统在还原数据库的过程中，自动执行安全性检查、重建数据库结构以及完成填写数据库内容。

SQL Server 2005 还原数据库时，根据数据库备份文件自动创建数据库结构，并且还原数据库中的数据。

**★提示：** 在还原数据库时，必须限制用户对该数据库进行其他操作，因而在还原数据库之前，首先要设置数据库访问属性。

(1) 设置数据库访问属性。访问属性有三种：多用户、单用户、限制访问。

数据库默认为多用户 (Multiple) 访问模式，表示所有具有一个数据库中有效用户名的用户都可以连接该数据库。单用户（Single）模式下的数据库一次只能有一个连接。限制（Restricted）模式下的数据库只能接受被认为是“合格”用户的连接，包括 dbcreator 或 sysadmin 服务器角色，或者是那个数据库的 db_owner 角色的成员。

还原数据库要求数据库工作在单用户模式。

设置方法有两种：

1）SQL Server Management Studio。展开服务器节点→右击某一数据库→属性→“数据库属性”对话框→“选项”选项页→限制访问→Single。

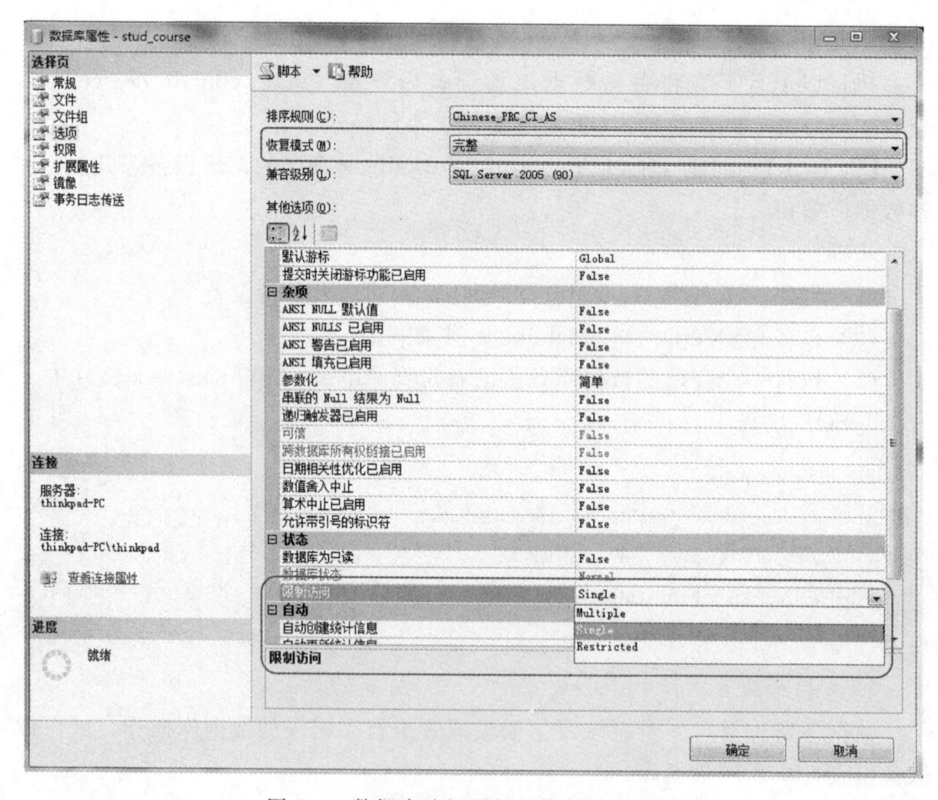


图 7.4　数据库访问属性和恢复模式设置

若不切换到 Single 模式，会出现错误：System. Data. SqlClient. SqlError：因为数据库正在使用，所以无法获得对数据库的独占访问权（Microsoft. SqlServer. Smo）。

原因是在还原数据库时，有其他用户正在使用数据库。通常就是 DBA 在操作时，不允许其他用户连接数据库。

**★提示：** 还原完成之后，要切换到 Multiple 模式，否则在数据库名称后会出现“单用户”字样，且限制访问。

2）使用 T-SQL 语句。语法格式为：

```
USE MASTER
ALTER DATABASE database_name SET SINGLE_USER|MULTI_USER|RESTRICTED_USER;
GO
```

**【例 7.17】** 把数据库“stud_course”设置为单用户模式。

```
USE MASTER
ALTER DATABASE stud_course SET SINGLE_USER;
GO
```

（2）数据库还原。

1）SQL Server Management Studio。

展开数据库节点→右击需还原的数据库（若不存在，先建一同名数据库）→任务→还原→数据库→设置“还原的目标”（目标数据库名称、目标时间点）→选择“还原的源”（若备份数据库存在备份设备中，选择“源设备”，否则选择“源数据库”）→选择备份的文件→设置还原选项、恢复状态。

2）使用 T-SQL 语句。语法格式为：

```
RESTORE DATABASE <database_name> FROM <backup_device>
[WITH MOVE 'logical_file_name' TO 'operating_system_file_name']
[WITH REPLACE]
```

参数说明：

（a）WITH MOVE 'logical_file_name' TO 'operating_system_file_name'指定应将给定的 logical_file_name 移动到 operating_system_file_name。默认情况下，logical_ file_name 将还原到其原始位置。

（b）WITH REPLACE 表示如果数据库 database_name 已经存在则取代现有数据库。

**【例 7.18】** 利用［例 7.15］中对 stud_course 数据库的备份对其还原。

```
USE MASTER
RESTORE DATABASE stud_course FROM stud_course_device
WITH RECOVERY
GO
```

## 7.2 相关原理

数据库的一大特点是数据可以共享，数据共享必然带来数据库的安全性问题，数据库系统中的数据共享不能是无条件的共享，例如：军事秘密、国家机密、新产品实验数据、市场需求分析、市场营销策略、销售计划、客户档案、医疗档案、银行储蓄等方面的数据需要保密，这就涉及数据库的安全性问题。

### 7.2.1　数据库的安全性

数据库的安全性和计算机系统的安全性，包括计算机硬件、操作系统、网络系统等的安全性，是紧密联系、相互支持的，因此在讨论数据库的安全性之前首先讨论计算机系统安全性的一般问题。

1. 计算机系统安全性

指为计算机系统建立和采取的各种安全保护措施，以保护计算机系统中的硬件、软件及数据，防止其因偶然或恶意的原因使系统遭到破坏，数据遭到更改或泄露等。

计算机安全不仅涉及计算机系统本身的技术问题、管理问题，还涉及法学、犯罪学、心理学的问题。其内容包括了计算机安全理论与策略、计算机安全技术、安全管理、安全评价、安全产品以及计算机犯罪与侦查、计算机安全法律、安全监察等。概论起来，计算机系统的安全性问题分为三大类：技术安全性、管理安全性和政策法律类。

（1）技术安全：计算机系统中采用具有一定安全性的硬件、软件来实现对计算机系统及其所存数据的安全保护，当计算机系统受到无意或恶意攻击时，仍能保证系统正常运行，保证系统内数据不增加、不丢失、不泄露。

（2）管理安全：由于管理不善导致的计算机设备和数据介质的物理破坏、丢失等软硬件意外故障以及场地的意外事故等安全问题。

（3）政策法律：政府部门建立的有关计算机犯罪、数据安全保密的法律道德准则和政策法规、法令。

本节只讨论技术安全。

2. 数据库安全性控制

在一般计算机系统中，安全措施是一级一级层层设置的。用户要求进入计算机系统时，系统首先根据输入的用户标识进行用户身份鉴定，只有合法的用户才准许进入计算机系统。对已进入系统的用户，DBMS还要进行存取控制，只允许用户执行合法操作。如图7.5所示。

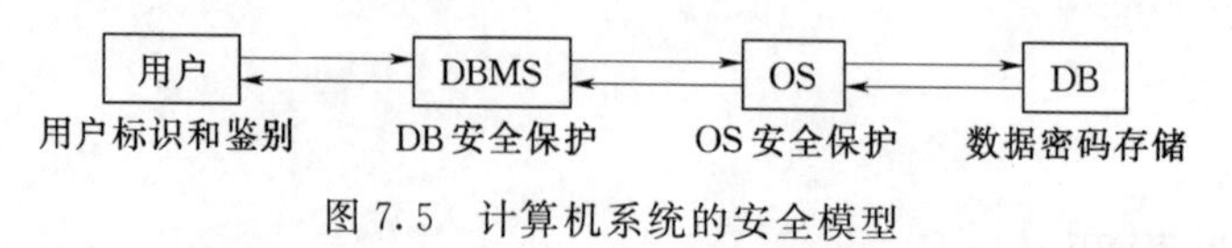


图7.5　计算机系统的安全模型

本节只讨论与数据库有关的用户标识和鉴定、存取控制、视图和密码存储等安全技术。

（1）用户标识与鉴别。用户标识与鉴别是系统提供的最外层安全保护措施。常用的方法有：

1）用户标识：用一个用户名（UserName）或者用户标识号（UID）来标明用户身份。

2）口令：为进一步核实用户，系统常常要求用户输入口令。

（2）存取控制。数据库安全最重要的一点就是确保只授权给有资格的用户访问数据库的权限，同时令所有未被授权的人员无法接近数据，这主要是通过数据库系统的存取控制机制实现。主要包括两部分：

1）定义用户权限：并将用户权限登记到数据字典中。

2）合法权限检查：若用户请求超出了权限，则拒绝执行此操作。

存取控制方法主要有两种：

1）自主存取控制：用户对不同数据库对象有不同存取权限，不同用户对同一数据对象也有不同权限，且用户可以将拥有的权限转授他人。

2）强制存取控制：每一数据库对象被标以一定的密级，每一个用户也被授予某一个级别的许可证。对于任意一个对象，只有具有合法许可证的用户才可以存取。

3. 视图机制

为不同用户定义不同的视图，把数据对象限制在一定的范围内，即通过视图把要保密的数据对无权存取的用户隐藏起来，从而自动地对数据提供一定程度的安全保护。具体方法已在第 4 章进行了详细介绍。

### 7.2.2 数据库恢复技术

本节从原理的角度出发讨论数据库恢复技术。在此之前先讨论事务的基本概念和性质。

1. 事务的基本概念

事务是用户定义的一个数据库操作序列，是一个不可分割的工作单位。

定义事务的 T-SQL 语句：

```
BEGIN TRANSACTION
[COMMIT]                    --表示提交，正常结束
[ROLLBACK]                  --表示回滚，非正常结构
```

事务具有四个特性：

（1）原子性（Atomicity）：逻辑工作单位；

（2）一致性（Consistency）：成功提交则称为一致性状态，发生故障导致非一致性状态；

（3）隔离性（Isolation）：一个事务内部的操作及使用的数据对其他并发事务是隔离的；

（4）持久性（Durability）：一旦提交，对数据库的改变是持久的。

这四个特性简称为ACID特性。

DBMS必须具有把DB从错误状态恢复到某一已知的正确状态的功能，这就是数据库的恢复。

2. 故障的种类

数据库系统可能发生各种各样的故障，大致分为以下几类：

(1) 事务内部的故障：

1) 可预见的，自行退出。

2) 更多的是不可预见的，如：运算溢出，并发事务产生死锁，违反了某些完整性限制等。

解决方法：事务撤销（UNDO）。

**【例7.19】** 有一薪水数据库salary，其中包含两个表：abc_account（农行账号）、icbc_account（工行账号），表结构如表7.4所示。现进行银行转账事务，把1000元从农行账号转到工行账号。请用T-SQL代码实现。

**表7.4　salary库中两表的表结构**

(a) abc_account表

| a_no（账号，nchar (7)） | balance（余额，float） |
|---|---|
| 0011234 | 2000 |

(b) icbc_account表

| b_no（账号，nchar (7)） | balance1（余额，float） |
|---|---|
| 0021234 | 5000 |

代码如下：

```
BEGIN TRANSACTION
DECLARE @bal nchar (7);     --声明局部变量@bal，存储账号
DECLARE @amount float;      --声明局部变量@amount，存储余额
SET @amount=1000;
SET @bal= (SELECT balance FROM abc_account WHERE a_no='0011234')
IF (@bal-@amount) <0
    BEGIN
        PRINT'金额不足，不能转账';
        ROLLBACK;
    END
ELSE
    BEGIN
        UPDATE abc_account
        SET balance=balance-@account
        WHERE a_no='0011234'
        UPDATE icbe_account
        SET balance1=balance1+@amount
        WHERE b_no='0021234'
```

```
    COMMIT;
  END
```

本例体现了原理与实践的完美结合，通过该例帮助读者对事务的概念有了更深的理解。

(2) 系统故障（又称硬故障）：指造成系统停止运转的任何事务，使得系统要重新启动。如：硬件错误、操作系统故障、DBMS代码错误、突然停电等。

该类故障特点：影响事务，但不破坏数据库。解决方法：

1) 让所有非正常终止事务回滚（UNDO）。

2) 重做（REDO）所有已提交的事务。

(3) 介质故障（又称软故障）：指外存故障，如硬盘损坏，瞬时强磁场干扰等。该类故障特点：发生的可能性较小，但破坏性最大。

(4) 计算机病毒：计算机病毒已成为计算机系统的主要威胁，为此计算机的安全工作者已研制了许多预防病毒的"疫苗"，但至今还没有一种可以使计算机"终生"免疫的疫苗。因此数据库一旦被破坏仍要用恢复技术把数据库加以恢复。

恢复的基本原理：利用冗余数据，根据存储在系统别处的冗余数据来重建。

3. 恢复的实现技术

两个关键问题：

(1) 如何建立冗余数据。

(2) 如何利用冗余数据。

两种方法：

(1) 数据转储：DBA定期备份数据库，重新运行自Tb～Tf时刻所有更新事务，其中Tb表示转储完毕时刻，Tf表示系统发生故障时刻。

转储分为两种类型：

1) 静态转储：转储期间不允许对数据库的任何存取、修改活动。

2) 动态转储：转储和用户事务可以并发执行，可能会产生不一致性。

解决方法：副本＋日志文件。

(2) 登记日志文件（logging）。

1) 日志文件的两种格式：以记录为单位的日志文件、以数据块为单位的日志文件。

2) 日志文件的内容：

- 各个事务的开始标记
- 各个事务的结束标记

- 各个事务的所有更新操作

3）日志文件的作用：

- 事务故障恢复和系统故障恢复必须用日志文件
- 在动态转储中必须建立日志文件
- 在静态转储中也可以建立日志文件

4）日志登记原则：

- 登记的次序严格按并发事务执行的时间次序
- 必须先写日志文件，后写数据库

4. 恢复策略

不同故障其恢复策略也不同。

（1）事务故障的恢复（自动）。指事务在运行至正常终止点前被终止，这时恢复子系统应利用日志文件撤销此事务已对数据库进行的修改。事务故障的恢复由系统自动完成，对用户透明。

恢复步骤为：

1）反向扫描日志文件。

2）对该事务的更新操作执行逆操作。

3）继续反向扫描日志文件，对其他更新操作，做同样处理。

4）直至读到该事务的开始标记。

（2）系统故障的恢复（UNDO＋REDO，在系统重启时，自动完成）。造成系统故障的原因有两种：

1）未完成事务对数据库的更新可能已写入数据库。

2）已提交事务对数据库的更新可能还留在缓冲区。

恢复步骤为：

1）正向扫描日志文件，找到已提交的记入重做队列，未提交的记入撤销队列。

2）UNDO 处理。

3）REDO 处理。

（3）介质故障的恢复（需 DBA 介入）。发生介质故障后，磁盘上的物理数据和日志文件被破坏，这时最严重的一种故障，恢复方法是重装数据库，然后重做已完成的事务。

恢复步骤为：

1）装入后备副本，动态还需装入转储开始时刻的日志文件。

2）利用日志文件恢复（转储结束时刻的日志文件副本）。

5. 具有检查点的恢复技术

利用日志技术进行数据库恢复时，恢复子系统必须搜索日志，确定哪些事

务需要 REDO，哪些事务需要 UNDO。一般情况下，需要检查所有日志技术。这样做存在两个问题：一是日志文件太大；二是 REDO 耗时。

解决方法：在日志文件中增加一类新的记录检查点记录、增加一个重新开始文件（记录检查点地址）。

检查点记录内容有：

（1）建立检查点时刻所有正在执行（多种状态）的事务清单。

（2）这些事务最近一个日志记录的地址。

原理：定期写入检查点，将事务的开始与提交时间相对比。

使用检查点方法进行恢复的步骤：

（1）从重新开始文件中找到最后一个检查点记录在日志文件中的地址，由该地址在日志文件中找到最后一个检查点记录。

（2）由该检查点记录得到检查点建立时刻所有正在执行的事务清单 ACTIVE-LIST。建立两个事务队列：

- UNDO-LIST：需要执行 undo 操作的事务集合；
- REDO-LIST：需要执行 redo 操作的事务集合。

把 ACTIVE-LIST 暂时放入 UNDO-LIST 队列，REDO-LIST 队列暂为空。

（3）从检查点开始正向扫描日志文件。

（4）对 UNDO-LIST 中的每个事务执行 UNDO 操作，对 REDO-LIST 中的每个事务执行 REDO 操作。

6. 数据库镜像

随着磁盘容量越来越大，价格越来越便宜，为避免磁盘介质故障影响数据库的可用性，许多 DBMS 提供了数据库镜像功能用于数据库恢复。

（1）原理：DBMS 自动保证镜像数据与主数据的一致性。

（2）优点：出现介质故障，可由镜像提供服务；解决并发问题。

（3）原则：由于频繁地复制数据会降低系统运行效率，只选择对关键数据和日志文件镜像，而不是对整个数据库进行镜像。

### 7.2.3 数据库审计（DBAudit）

前面介绍的用户标识与鉴别、存取权限控制仅是安全性标准的一个重要方面不是全部。为了使 DBMS 达到一定的安全级别，还需要在其他方面提供相应的支持。如：数据库审计。

数据库审计能够实时记录网络上的数据库活动，对数据库操作进行细粒度审计的合规性管理，对数据库遭受到的风险行为进行告警，对攻击行为进行阻断。它通过对用户访问数据库行为的记录、分析和汇报，用来帮助用户事后生成合规报告、事故追根溯源，同时加强内外部数据库网络行为记录，提高数据资产安全。

随着数据库信息价值以及可访问性提升，使得数据库面对来自内部和外部的安全风险大大增加，如违规越权操作、恶意入侵导致机密信息窃取泄漏，但事后却无法有效追溯和审计。

审计 SQL Server 安全性有以下几种形式。

1. 登录审计

SQL Server 登录审计是一种传统的审计形式，可以记录对服务器失败和成功的登录尝试。登录审计写到错误日志中。可以用来获知谁在尝试连接数据库，是否发送了恶意攻击或者尝试攻击是否成功。

配置方法：

在 SQL Server Management Studio 中右击服务器→选择属性→选择“安全性”选项卡，如图 7.6 所示。

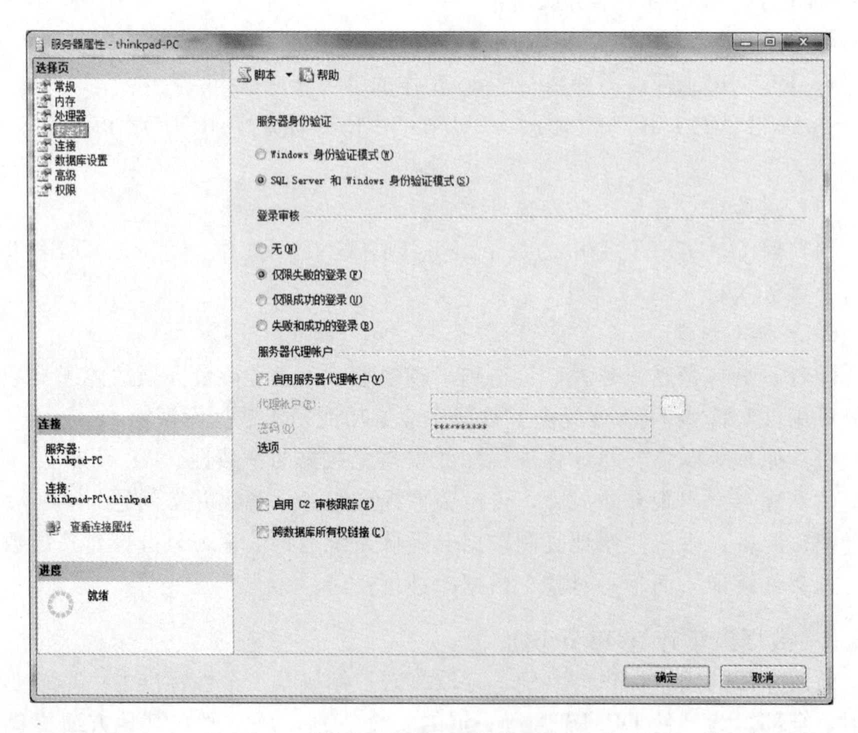


图 7.6　登录审计设置

登录审计共有 4 个选项：无审计、只记录失败登录，只记录成功登录，以及失败和成功登录都记录。设置好之后点击确定，重启服务器。

另外，在图 7.6 中选项部分有一个复选框“启用 C2 审核跟踪”。启用 C2 审计模式可以记录访问语句和对象失败和成功的日志。C2 审计模式保存了大

量数据，所以日志文件很容易变得非常巨大。当文件达到 200MB 时，SQL Server 会打开一个新文件。如果记录日志的数据目录空间不足了，SQL Server 会自动关闭记录功能。

2. DDL 触发器审计

在 SQL Server 2005 之前，DBA 和用户只能定义 Data Manipulation Language（DML）触发器。当执行 DML 语句时，如 UPDATE 或 DALETE，这些触发器就会启动。从 SQL Server 2005 开始，可以定义 Data Definition Language（DDL）触发器。当执行 DDL 语句，如 CREATE TABLE 和 ALTER VIEW，这些类型的触发器就会启动，并且这使用 DDL 触发器来审计 SQL Server 中的 DDL 事件更加容易。

其中一个可以用来审计 DDL 事件的方法是先创建一个表来存储相关的事件数据，然后创建一个 DDL 触发器来记录事件。

DDL 触发器可以用于把 DDL 信息和 SQL Server 有关安全的事件日志记录到表中。DDL 事件日志记录提供给你审计和特权提升攻击的潜在警告，如：用户被赋予太多权限或者用户误用了他们的权限。

（1）创建 DDL 审计表。

```
USE stud_course
GO
CREATE TABLE dbo. EventLog
(EventID INT PRIMARY KEY IDENTITY,
EventInstance XML NOT NULL)                    --XML 字段用来存储事件相关数据
GO
```

（2）创建 DDL 触发器。

```
CREATE TRIGGER LogEvents
ON DATABASE                              --数据库级，若是服务器级，则用 ON ALL SERVER
AFTER DDL_DATABASE_LEVEL_EVENTS   --审计数据库级的所有 DDL 事件
AS
INSERT INTO dbo. EventLog (EventInstance)
VALUES (EVENTDATA ())
```

3. 事件通知（Notification Services)

事件通知是在 SQL Server 2005 引入的，提供的功能是事件通知将有关事件的信息发送给 Service Broker 服务。执行事件通知可对各种 DDL 语句和 SQL 跟踪事件做出响应，并将这些事件的相关信息发送到 Service Broker 服务。

事件通知与 DDL 触发器最大的区别为 DDL 触发器可以进行 ROLL-

BACK，而事件通知不行；还有，事件通知是异步发送消息的。

设置方法：在 SQL Server Management Studio 中展开服务器节点，可看到 Notification Services。

# 参 考 文 献


[1] 王珊，萨师煊．数据库系统概论．4版．北京：高等教育出版社，2006.

[2] 王峰．实用数据库技术．北京：中国水利水电出版社，2012.

[3] 孟小峰，周龙骧，王珊．数据库技术发展趋势［J］．软件学院，2004. Vol.15，No.12.

[4] 潘瑞芳，贾晓雯，叶福军，等．数据库技术与应用．北京：清华大学出版社，2012.

[5] 苗雪兰，刘瑞新，宋歌．数据库系统原理及应用教程．3版．北京：机械工业出版社，2013.